希尔伯特空间中的框架及其应用

庄智涛　著

中国水利水电出版社
www.waterpub.com.cn
·北京·

内 容 提 要

本书以希尔伯特(Hilbert)空间中的框架理论为基础，介绍了近几年框架研究中的一些热点问题及应用。

主要内容包括 Riesz 对偶的性质及其等价性讨论，伪样条概念的推广及其生成的框架小波，相位恢复和广义相位恢复的稳定性等。

本书适合数学专业以及相关方向的研究人员参考使用。

图书在版编目(CIP)数据

希尔伯特空间中的框架及其应用 / 庄智涛著. —北京：中国水利水电出版社，2020.6 （2021.9重印）

ISBN 978-7-5170-8656-7

Ⅰ. ①希… Ⅱ. ①庄… Ⅲ. ①希尔伯特空间－研究 Ⅳ. ①O177.1

中国版本图书馆 CIP 数据核字(2020)第 110034 号

书　　名	希尔伯特空间中的框架及其应用 XIER-BOTE KONGJIAN ZHONG DE KUANGJIA JI QI YINGYONG
作　　者	庄智涛　著
出版发行	中国水利水电出版社 (北京市海淀区玉渊潭南路 1 号 D 座 100038) 网址：www.waterpub.com.cn E-mail：sales@waterpub.com.cn 电话：(010)68367658(营销中心)
经　　售	北京科水图书销售中心(零售) 电话：(010)88383994、63202643、68545874 全国各地新华书店和相关出版物销售网点
排　　版	北京亚吉飞数码科技有限公司
印　　刷	三河市元兴印务有限公司
规　　格	170mm×240mm　16 开本　8.75 印张　157 千字
版　　次	2020 年 7 月第 1 版　2021 年 9 月第 2 次印刷
印　　数	2001-3500册
定　　价	60.00 元

前　言

框架的历史可以追溯到1946年Gabor分解信号的工作，但正式的框架概念则是Duffin和Schaeffer在研究非调和Fourier级数时引入的。在20世纪80年代小波分析发展的带动下，框架研究也逐渐繁荣起来，期间涌现出了许多重要的理论和应用成果。至今，它仍然是许多学科的研究热点。关于框架理论的专著也相继出现，但侧重点各有不同。本书主要介绍近几年出现的与希尔伯特空间中的框架相关的部分研究。

第1章简要介绍本书要用到的一些概念，包括各类空间、算子以及空间的基等。第2章主要介绍希尔伯特空间中Riesz对偶的概念、性质以及一些等价刻画。第3章主要介绍伪样条的正则性以及由伪样条构造的框架小波。第4章从双Lipschitz性质和Cramer-Rao下界两方面讨论了相位恢复和仿射相位恢复的稳定性。第5章介绍了广义相位恢复和广义仿射相位恢复的稳定性结论。第6章介绍了小波的相关知识。

本书适合数学系高年级学生以及相关方向的研究生使用。

本书得到了国家自然科学基金青年基金(No:11601152)、华北水利水电大学青年科技创新人才支持计划、华北水利水电大学高层次人才科研启动项目的资助，也得到了华北水利水电大学数学与统计学院领导和同仁的大力支持，在此一并感谢！

囿于水平，纰缪挂漏在所难免，欢迎批评指正！

庄智涛

2020年3月

目　录

第1章　基础知识

本章主要介绍本书中用到的一些基本定义和定理. 读者可在本科生的泛函分析或矩阵论中找到它们. 如果熟悉此部分内容,阅读时可略过本章. 为了叙述方便,本章所有定理均略去证明.

1.1　常用空间介绍

1.1.1　线性空间

线性空间在线性代数或高等代数课程中均有介绍,但其内容主要偏重于有限维空间的讨论. 在接下来的章节中,把线性空间(有限维或无限维)作为底层代数空间.

定义 1.1.1　设 X 是一个非空集合,$\mathbb{F}$是一个数域. 在 X 中定义加法和数乘且满足如下 8 条:

(1) 加法交换律:$x+y=y+x, x, y\in X$;

(2) 加法结合律:$(x+y)+z=x+(y+z)$;

(3) 存在一个零元素 0,使得 $x+0=x$;

(4) 存在一个逆元 $-x$,使得 $x+(-x)=0$;

(5) 乘法结合律:$\alpha(\beta x)=(\alpha\beta)x, \alpha, \beta\in\mathbb{F}$;

(6) 存在单位标量 $1\in\mathbb{F}$,使得 $1\cdot x=x$;

(7) 加法分配律:$(\alpha+\beta)x=\alpha x+\beta x$;

(8) 乘法分配律:$\alpha(x+y)=\alpha x+\beta x$.

则称 X 是数域$\mathbb{F}$上的一个线性空间. 特别的,若$\mathbb{F}$是实数域$\mathbb{R}$,则称 X 是实线性空间. 若$\mathbb{F}$是复数域$\mathbb{C}$,则称 X 是复线性空间.

实 n 维列向量组成的集合按照向量的加法和数乘形成一个实线性空间,记为$\mathbb{R}^n$. 复 n 维列向量组成的集合按照向量的加法和数乘形成一个复线性空间,记为$\mathbb{C}^n$. n 阶方阵按照矩阵的加法和数乘形成一个数域$\mathbb{F}$上的线性空间，记为 $M_n(\mathbb{F})$. n 阶 Hermite 矩阵按照矩阵的加法和数乘形成一个复线性空间，记为 $H_n(\mathbb{C})$.

1.1.2 锥

锥与凸锥是优化理论中的重要概念. 它是圆锥概念的推广.

定义 1.1.2 设 X 是一个线性空间，Y 是 X 的一个子集. 若对任意的 $\alpha>0$ 和 $x\in X$，都有 $\alpha x\in X$，则称 X 是一个锥. 若对任意的正数 α,β 和锥 X 中的元素 x,y，都有 $\alpha x+\beta y\in X$，则称 X 为凸锥.

1.1.3 距离空间

定义 1.1.3 设 X 是一个非空集合，若对 X 中的任意两个元素 x,y，都有一个确定的实数 $\rho(x,y)$ 与之相对应，且满足如下两条：

(1) 非负性：$\rho\geqslant 0$，且 $\rho(x,y)=0$ 当且仅当 $x=y$；

(2) 三角不等式：$\rho(x,y)\leqslant\rho(x,z)+\rho(y,z)$.

则称 X 是一个距离空间，并称 ρ 是 X 上的一个距离. 注意，在定义中省略了对称性：$\rho(x,y)=\rho(y,x)$，因为它可以很容易地由定义中的两条推出.

1.1.4 赋范线性空间

定义 1.1.4 设 X 是数域$\mathbb{F}$上的一个线性空间. 若对于 X 中的任一元素 x，都有一个实数$\|x\|$与之相对应，且满足如下三条：

(1) 非负性：$\|x\|\geqslant 0$，且$\|x\|=0$ 当且仅当 $x=0$；

(2) 齐次性：对任意的 $\alpha\in\mathbb{F}$，有$\|\alpha x\|=|\alpha|\|x\|$；

(3) 三角不等式：$\|x+y\|\leqslant\|x\|+\|y\|$.

则称 X 为赋范线性空间，并称$\|x\|$为 x 的范数. 若在 X 上定义距离$\rho(x,y)=\|x-y\|$，则可以证明 X 成为一个距离空间.

1.1.5 Banach 空间

设$(x_k)_{k=1}^{\infty}$是赋范线性空间 X 中的一列元素. 若对于任意的正数 ε，都存在自然数 N，使得 $m,n>N$ 时，有$\|x_m-x_n\|<\varepsilon$，则称$(x_k)_{k=1}^{\infty}$为 X 中的一个 Cauchy 列.

定义 1.1.5　设 X 是赋范线性空间，若 X 中的任一 Cauchy 列均依范数收敛到 X 中的元素，则称 X 为完备的赋范线性空间，又称为 Banach 空间.

令 J 是一个可数集，定义数域$\mathbb{F}$中数列 $x=(x_n)_{n\in J}$的 p 范数为

$$\|x\|_p=\begin{cases}\left(\sum\limits_{n\in J}|x_n|^p\right)^{\frac{1}{p}}, & 1\leqslant p<+\infty,\\ \max\{|x_n|\}_{n\in J}, & p=+\infty.\end{cases}$$

从而$\ell^p(J)=\{x=(x_n)_{n\in J}:\|x\|_p\leqslant+\infty\}$成为一个 Banach 空间. 最典型的 Banach 空间是$\mathbb{R}^n$ 与$\mathbb{C}^n$，它们可以看成是 J 为有限集时的$\ell^p(J)$. 在 J 为有限集时，对于不同的 p，这些范数均是等价的，即存在正常数 C_1，C_2 使得

$$C_1\|x\|_{p_1}\leqslant\|x\|_{p_2}\leqslant C_2\|x\|_{p_1}.$$

与此类似，可定义 Lebesgue 函数空间

$$L^p(\Omega)=\left\{f:\Omega\to\mathbb{C},\int_\Omega|f(x)|^p\mathrm{d}x<+\infty\right\},\quad 1\leqslant p<+\infty$$

和

$$L^\infty(\Omega)=\{f:\Omega\to\mathbb{C},f(x)\text{在 }\Omega\text{ 上本性有界}\}.$$

则它们均为 Banach 空间，其上的范数分别定义为

$$\|f\|_p=\left(\int_\Omega|f(x)|^p\mathrm{d}x\right)^{\frac{1}{p}}\text{与}\|f\|_\infty=\operatorname*{esssup}_{x\in\Omega}|f(x)|.$$

在线性空间 $M_n(\mathbb{F})$中定义矩阵的 p 阶核范数为矩阵奇异值向量的 p 范数，则 $M_n(\mathbb{F})$成为一个 Banach 空间.

1.1.6　内积空间

定义 1.1.6　设 X 是数域$\mathbb{F}$上的一个线性空间，若对 X 中的任意两个元素 x,y，都有$\mathbb{F}$中的一个数$[x,y]$与之对应，且满足如下 4 条：

(1) $[\alpha x,y]=\alpha[x,y],\alpha\in\mathbb{F}$；

(2) $[x+y,z]=[x,z]+[y,z]$；

(3) $[x,y]=\overline{[y,x]}$；

(4) $[x,x]\geqslant0$，且$[x,x]=0$ 当且仅当 $x=0$.

则称 X 为内积空间，并称$[x,y]$为 x 与 y 的内积. 若 x 与 y 的内积为零，则称 x 与 y 是正交的，记为 $x\perp y$. 若定义$x=\sqrt{[x,x]}$，则 X 成为一个赋范线性空间，并称此范数为诱导范数.

1.1.7 希尔伯特空间

定义 1.1.7 设 X 是一个内积空间.若它按照诱导范数完备,则称其为希尔伯特空间.

Lebesgue 函数空间 $L^2(\Omega)$是一个希尔伯特空间,其内积定义为

$$[f,g]=\int_{\Omega} f(x)\,\overline{g(x)}\mathrm{d}x.$$

可以发现,这样定义的内积恰好可以诱导出其上的范数.类似的,可在$\ell^2(J)$上定义内积

$$[x,y]=\sum_{n\in J} x_n\,\overline{y_n},$$

并且可证明$\ell^2(J)$也是希尔伯特空间.令 Tr 表示矩阵 C 的迹.在线性空间 $M_n(\mathbb{F})$中定义矩阵的 Hilbert-Schmidt 内积为

$$[A,B]_{HS}=\mathrm{Tr}(AB^*),$$

则 $M_n(\mathbb{F})$成为一个希尔伯特空间,其中 B^* 表示 B 的共轭转置.

1.2 算子

本节简要介绍算子的基本性质.所谓算子,乃是从赋范线性空间 X 到赋范线性空间 Y 的映射.若 Y 是数域,则称这种算子为泛函.

定义 1.2.1 若 X 和 Y 为数域$\mathbb{F}$上的赋范线性空间,$T:X\to Y$ 为算子.

(1) 若$\forall x_1,x_2\in X,\alpha_1,\alpha_2\in\mathbb{F}$,有

$$T(\alpha_1x_1+\alpha_2x_2)=\alpha_1T(x_1)+\alpha_2T(x_2),$$

则称 T 是线性的;

(2) 若 $T(x_1)=T(x_2)$当且仅当 $x_1=x_2$,则称 T 为单射;集合 $\ker T:=\{x:T(x)=0\}$ 称为 T 的核.T 为单射当且仅当 $\ker T=0$;

(3) range $T:=T(X)=\{Tx;x\in X\}$ 称为 T 的象或值域;

(4) 若 range $T=Y$,则称 T 为满射;

(5) 若 T 既是单射又是满射,则称其为双射;

(6) 若 $x_n\to x$ 蕴含 $T(x_n)\to T(x)$,则称 T 为连续的;

(7) 线性算子 T 的算子范数定义为 $\sup\limits_{x\in X,\|x\|=1}\|T(x)\|$,若 $T<\infty$,则称其为有界的;

(8) 若$\forall x\in X$,都有$\|T(x)\|=\|x\|$,则称 T 是等距算子.

定义 1.2.2　若 X 与 Y 均为希尔伯特空间，且 $S:X\to Y,S^*:Y\to X$，对任意的 $x\in X,y\in Y$ 有

$$[Sx,y]=[x,S^*y],$$

则称 S^* 是 S 的伴随算子. 若 $X=Y$，且 $S=S^*$，则称 S 是自伴的. 若 $SS^*=I$，其中 I 是恒等算子，则称 S 是酉算子. 若对任意的 $x\in X$，都有 $[Sx,x]\geqslant 0$，则称 S 是半正定的，记为 $S\geqslant 0$. 若对任意的 $x\neq 0$，都有 $[Sx,x]>0$，则称 S 是正定的，记为 $S>0$. 若两个算子的差 S_1-S_2 是(半)正定的，则记为 $(S_1\geqslant S_2)S_1>S_2$.

定理 1.2.1　若 X 是一个希尔伯特空间，$S:X\to X$ 是线性有界算子.

(1) 若 S 是自伴算子，则其算子范数 $\|S\|=\sup\limits_{x\in X,\|x\|=1}[Sx,x]$；

(2) 若 S 是(半)正定算子，则存在(半)正定算子 V，使得 $S=V^2$，并称 V 是 S 的平方根；

(3) Cauchy-Schwartz 不等式：若 $S>0$，则有

$$|[Sx,y]|^2\leqslant[Sx,x][Sy,y].$$

任何 $n\times m$ 阶的复矩阵都是 $\mathbb{C}^m\to\mathbb{C}^n$ 的线性有界算子. 矩阵 A 的伴随算子就是它的共轭转置 A^*. 所有的 Hermite 矩阵都是自伴的. 若 A 是半正定的，则它的特征值是非负的. 把特征值按照从大到小的顺序排列 $\lambda_1(A)\geqslant\lambda_2(A)\geqslant\cdots\geqslant\lambda_n(A)$. 若 $A\geqslant B$，则有 $\lambda_k(A)\geqslant\lambda_k(B)$，从而有 $\mathrm{Tr}(A)\geqslant\mathrm{Tr}(B)$.

定义 1.2.3　设 $(x_n)_{n\in J}$ 是希尔伯特空间 X 中的一个序列. J 是一个可数集. 定义分析算子 T：

$$T(x)=([x,x_n])_{n\in J}.$$

对于任一数列 $c=(c_n)_{n\in J}$，定义合成算子 T^*：

$$T^*(c)=\sum_{n\in J}c_nx_n.$$

分析算子与合成算子是研究框架性质的重要工具. 与之相关的一个重要概念是 Gram 矩阵.

定义 1.2.4　设 $(x_n)_{n\in J}$ 是希尔伯特空间 X 中的一个序列. 它的 Gram 矩阵定义为

$$G=([x_n,x_m])_{n,m\in J}.$$

Gram 矩阵是 $\ell^2(J)$ 上的算子. 若 J 是无限集，则 G 是广义矩阵，关于广义矩阵的性质可参阅文献[39].

1.3　空间的基

在线性代数中，基的概念是在有限维空间中定义的. 在无限维空间中，

可类似地定义基，其中一个常用的定义为 Schauder 基.

定义 1.3.1 设 J 是一个可数集，X 是数域$\mathbb{F}$上的一个 Banach 空间，$(x_n)_{n\in J}$是 X 中的一个序列. 如果对 X 中的任一元素 x，在数域$\mathbb{F}$中都有唯一的数列$(a_n)_{n\in J}$使得

$$x = \sum_{n\in J} a_n x_n,$$

则称序列$(x_n)_{n\in J}$是空间 X 的一个 Schauder 基. 如果$(x_n)_{n\in J}$只是它的线性闭包$\overline{\mathrm{span}}\{x_n\}_{n\in J}$的 Schauder 基，则称它为 X 中的基序列.

此定义中的等号是部分和序列依范数收敛的意思. 此后本书所说的基均指 Schauder 基. 从定义可以看出，具有基的空间一定是一个可分的 Banach 空间. 因为 L^∞ 是不可分的，所以它没有基. 另外，可分的 Banach 空间也不一定具有基[33].

如果存在一个序列$(y_n)_{n\in J}$双正交于$(x_n)_{n\in J}$，即$[x_n, y_m]=\delta_{n,m}$，则称序列$(x_n)_{n\in J}$是极小的. 如果$\overline{\mathrm{span}}\{x_n\}_{n\in J}=X$，则称$(x_n)_{n\in J}$是完备的. 如果对$\ell^2(J)$中的序列$(a_n)_{n\in J}$，$\sum\limits_{n\in J} a_n x_n = 0$，能推出对所有的 $n\in J$ 都有 $a_n=0$，则称$(x_n)_{n\in J}$是关于$\ell^2(J)$无关的. 如果上式对任意的数列成立，则称$(x_n)_{n\in J}$是无关的. 显然 Schauder 基一定是极小的、完备的、无关的.

下面一个众所周知的定理提供了对 Schauder 基的刻画.

定理 1.3.1 X 是数域$\mathbb{F}$上的一个 Banach 空间，$(x_n)_{n\in\mathbb{N}}$是 X 中的一个序列，则下列两条等价：

(1) $(x_n)_{n\in\mathbb{N}}$是 X 的基.

(2) 存在常数 $0<B<\infty$，对 $\forall\, N\in\mathbb{N}$和$(c_n)_{n\in\mathbb{N}}\in\ell^2(\mathbb{N})$有

$$\left\|\sum_{n=1}^{N} c_n x_n\right\|^2 \leqslant B\left\|\sum_{n=1}^{\infty} c_n x_n\right\|^2.$$

在希尔伯特空间中，标准正交基是一类最为常用的基.

定义 1.3.2 设 X 是一个希尔伯特空间，如果它的一个基$(x_n)_{n\in J}$满足标准正交性：

$$[x_n, x_m]=\delta_{n,m}=\begin{cases}0, & n\neq m,\\ 1, & n=m,\end{cases}$$

则称$(x_n)_{n\in J}$是 X 的一个标准正交基.

设 x 是 X 中的一个元素，则它可以由标准正交基唯一表示：$x=\sum\limits_{n\in J} c_n x_n$. 可以证明，$c_n=[x, x_n]$. 从而标准正交基具有的一个优点是表示系数具有明确的结构. 令$\ell^2(J)$为可数集 J 上的平方可和空间，即

$$\ell^2(J) = \left\{x = (x_n)_{n\in J} : \sum_{n\in J} |x_n|^2 < \infty\right\}.$$

则序列 $(e_n)_{n\in J}$ 是它的一个标准正交基，其中 $e_n=(\delta_{n,m})_{m\in J}$. 函数序列 $\left(\frac{1}{\sqrt{2\pi}}e^{inx}\right)_{n\in\mathbb{Z}}$ 是希尔伯特空间 $L^2([0,2\pi])$ 的一个标准正交基. 标准正交基所需要的条件太强，有时候在应用中并不好找到满足要求的标准正交基. 基的条件又太弱，它不利于一些稳定性的讨论. Riesz 基介于中间，具有良好的应用性质.

定义 1.3.3　设 X 是一个希尔伯特空间，J 是一个可数集，$(f_n)_{n\in J}$ 是 X 中的一个序列，若存在正数 A,B 使得如下不等式成立

$$A\|c\|^2\leqslant\left\|\sum_{n\in J}c_nf_n\right\|^2\leqslant B\|c\|^2,\quad c=\{c_n\}_{n\in J}\subset\ell^2(J),$$

则称序列 $(f_n)_{n\in J}$ 是 X 中的一个 Riesz 基序列. 若这个序列还是完备的，即：$\overline{\operatorname{span}}\{f_n\}_{n\in J}=X$，则称其为 X 的一个 Riesz 基.

有限维空间中的基一定是 Riesz 基. 所以 Riesz 基的定义主要是对无限维空间说的. 根据定义，Riesz 序列也一定是它自身线性闭包的 Riesz 基. 如果一个希尔伯特空间中有 Riesz 基，那么它的元素就可以由 Riesz 基表示出来.

定理 1.3.2　设 $(x_n)_{n\in J}$ 是希尔伯特空间 X 中的一个 Riesz 基，则在 X 中存在唯一的一个点列 $(y_n)_{n\in J}$ 使得

$$\forall x\in X,\quad x=\sum_{n\in J}(x,y_n)x_n,$$

并且 $(y_n)_{n\in J}$ 也是一个 Riesz 基，并有双正交性：$[x_n,y_m]=\delta_{n,m}$. 这里称 $(y_n)_{n\in J}$ 是 $(x_n)_{n\in J}$ 的对偶 Riesz 基.

假设 H 是一个包含 X 的希尔伯特空间，则在 H 中满足上式且与 $(x_n)_{n\in J}$ 双正交的序列并不唯一. Gram 矩阵也可以用来刻画 Riesz 基.

定理 1.3.3　设 $(x_n)_{n\in J}$ 是希尔伯特空间 X 中的一个序列. 那么 $(x_n)_{n\in J}$ 是 X 的 Riesz 基当且仅当 $\overline{\operatorname{span}}\{x_n\}_{n\in J}=X$，且序列的 Gram 矩阵定义了 $\ell^2(J)$ 上的一个有界可逆算子.

第 2 章　希尔伯特空间上的框架

Fourier(傅里叶)变换作为分析的主要工具已经有一百多年的历史了，但是它仅仅给出了信号的频率信息，却隐藏了信号的位置信息. 1946 年，Gabor 通过一种全新的信号分解方法解决了这一问题[35]. 因为这种方法能够捕捉到信号的一些重要特征，所以很快就变得十分流行. 虽然还没有严格的定义，但 Gabor 已经发现了框架(frame，有的学者称为标架)的一些基本性质. 1952 年，Duffin 和 Schaeffer 在研究非调和 Fourier 级数时，需要处理 $L^2[0,1]$中高度过完备的指数函数族，这时，他们才明确提出了希尔伯特空间中框架的概念[32]，这使得 Gabor 分析成为框架时频分析的一个特例. 但当时框架的概念并没有引起人们足够的重视. 直到 1986 年，Daubechies、Grossmann 和 Meyer 指出了框架在数据处理中的重要性[23]，人们才重新开始深入地研究它. 如今，框架理论已经成为信号和图像处理、非调和分析、数据压缩、采样理论、计算数学与科学工程计算等领域的重要研究方向，并且在很多领域都有着深刻的影响.

2.1　框架的定义与基本性质

定义 2.1.1　设$(x_n)_{n\in J}$是希尔伯特空间 X 中的序列. 如果存在正数 A,B 使得

$$A\|x\|^2 \leqslant \sum_{n\in J} |(x,x_n)|^2 \leqslant B\|x\|^2, \quad \forall x \in X, \tag{2.1.1}$$

则称序列$(x_n)_{n\in J}$是 X 的一个框架. A,B 分别称为是框架的上下界. 若 $A=B$，则称其为紧框架. 若 $A=B=1$，则称其为 Parseval 框架. 若不等式(2.1.1)只对 $x\in\overline{\mathrm{span}}(x_n)_{n\in J}$成立，则称$(x_n)_{n\in J}$为框架序列. 如果式(2.1.1)中只有右边的不等式成立，则称$(x_n)_{n\in J}$为 Bessel 序列.

显然，若序列$(x_n)_{n\in J}$是 X 的一个框架，则$(x_n)_{n\in J}$在 X 中是完备的. 希尔伯特空间中的任何一个标准正交基都是它的 Parseval 框架，而一般的基则不一定是框架. 框架也不一定是基，不是基的框架，称之为冗余框架. 任何

一个 Riesz 基都是一个没有冗余的框架. 对于无限维的空间来说，x_n 具有某种结构才有利于计算. 三种具有重要结构的框架分别是 Fourier 框架、Gabor 框架和小波框架.

例 2.1.1　假设 $a,b>0,g,\psi\in L^2(\mathbb{R})$.

(1) 设 Ω 为 $\mathbb{R}$ 中的长度有限区间，点列 $(\lambda_k)_{k\in\mathbb{Z}}\subset\mathbb{R}$，$L^2(\Omega)$ 的形如 $(e^{i\lambda_k x})_{k\in\mathbb{Z}}$ 的框架称为 Fourier 框架.

(2) $L^2(\mathbb{R})$ 的形如 $(e^{2\pi imbx}g(x-na))_{n,m\in\mathbb{Z}}$ 的框架称为 Gabor 框架或 Weyl-Heisenberg 框架，其中函数 $g\in L^2(\mathbb{R})$ 称为窗函数.

(3) $L^2(\mathbb{R})$ 的形如 $(a^{j/2}\psi(a^jx-kb))_{j,k\in\mathbb{Z}}$ 的框架称为小波框架，函数 ψ 称为小波母函数.

定义 2.1.2　设 $(x_n)_{n\in J}$ 是希尔伯特空间 X 中的序列. 算子 T 与 T^* 是第 1 章中定义的分析算子与合成算子. 定义序列的框架算子为：

$$S=T^*T:X\to X$$

$$Sx=\sum_{n\in J}[x,x_n]x_n.$$

由于 $S^*=(T^*T)^*=S$，所以框架算子 S 是自伴算子. 序列 $(x_n)_{n\in J}$ 是希尔伯特空间 X 的框架当且仅当存在正数 A,B 使得 $AI\leqslant S\leqslant BI$，所以框架算子是可逆的. 从而对 $\forall x\in X$，有 $x=SS^{-1}x$，即：

$$x=\sum_{n\in J}[S^{-1}x,x_n]x_n=\sum_{n\in J}[x,S^{-1}x_n]x_n,$$

或者 $x=S^{-1}Sx$，即

$$x=S^{-1}\sum_{n\in J}[x,x_n]x_n=\sum_{n\in J}[x,x_n]S^{-1}x_n.$$

以上两式均说明了框架如何表示空间中的元素. 从中可以看出序列 $\{S^{-1}x_n\}_{n\in J}$ 的重要性. 故称其为 $(x_n)_{n\in J}$ 的经典对偶框架. 而把满足

$$x=\sum_{n\in J}(x,y_n)x_n=\sum_{n\in J}(x,x_n)y_n,\quad \forall x\in X$$

的序列 $(y_n)_{n\in J}$ 称为 $(x_n)_{n\in J}$ 的对偶序列，并称 $[x,y_n]$ 与 $[x,x_n]$ 是框架系数. 一般情况下，对偶框架与框架系数都不唯一.

定理 2.1.1　若序列 $(x_n)_{n\in J}$ 是希尔伯特空间 X 的框架，并且对 $\forall x\in X$，表达式 $x=\sum\limits_{n\in J}c_nx_n$ 中的系数是唯一的，则序列 $(x_n)_{n\in J}$ 是希尔伯特空间 X 的一个 Riesz 基.

定理 2.1.2　下列两条等价.

(1) $(x_n)_{n\in J}$ 是一个框架序列；

(2) 存在正数 A,B，使得对 $c=(c_n)_{n\in J}\in(\ker T^*)^{\perp}$，都有

$$A\|c\|^2\leqslant\left\|\sum_{n\in J}c_nx_n\right\|^2\leqslant B\|c\|^2.$$

形式上，经典对偶框架的表示非常简单，但在实际应用中，$S^{-1}x_n$ 并不好求. 一个解决的办法是利用数值分析中的迭代思想，也就是常说的框架算法. 关于框架的其他性质可参阅文献[1,13,15,42,63].

2.2 Riesz 对偶的定义与基本性质

Gabor 框架作为一类具有特殊结构的框架，在时频分析等应用领域中有着举足轻重的地位. 同时，在纯数学方面，也有许多令人着迷的性质. Ron-Shen 对偶原理就是其中之一. 为了研究 Ron-Shen 对偶，2004 年，Casazza、Kutyniok 和 Lammers 在一般的希尔伯特空间$\mathcal{H}$中提出了黎斯对偶的概念[14]. 自提出以来，很多学者对 Riesz 对偶进行了研究，得到了许多非常好的结果，如希尔伯特空间中的刻画[17]，Banach 空间上的推广[62]，与 Gabor 分析的比较[56]等.

定义 2.2.1 令$(e_j)_{j\in\mathbb{N}}$和$(h_i)_{i\in\mathbb{N}}$是希尔伯特空间$\mathcal{H}$的两个标准正交基. 对所有的 $j\in\mathbb{N}$，序列$(f_i)_{i\in\mathbb{N}}\subset\mathcal{H}$满足 $\sum_i |[f_i,e_j]|^2<\infty$. 令

$$w_j=\sum_{i=1}^{\infty}[f_i,e_j]h_i,\quad j\in\mathbb{N}, \tag{2.2.1}$$

则称$(w_j)_{j\in\mathbb{N}}$是$(f_i)_{i\in\mathbb{N}}$的关于$(e_j)_{j\in\mathbb{N}}$和$(h_i)_{i\in\mathbb{N}}$的 Riesz 对偶.

引理 2.2.1 令$(e_j)_{j\in\mathbb{N}}$和$(h_i)_{i\in\mathbb{N}}$是希尔伯特空间$\mathcal{H}$的两个标准正交基，并且序列$(f_i)_{i\in\mathbb{N}}\subset\mathcal{H}$满足 $\sum_i |[f_i,e_j]|^2<\infty$，则对所有的 $i\in\mathbb{N}$有

$$f_i=\sum_{j=1}^{\infty}[w_j,h_i]e_j.$$

这说明了$(f_i)_{i\in\mathbb{N}}$是$(w_j)_{j\in\mathbb{N}}$的关于$(h_i)_{i\in\mathbb{N}}$和$(e_j)_{j\in\mathbb{N}}$的 Riesz 对偶.

证明：由序列$(w_j)_{j\in\mathbb{N}}$的定义可知

$$[f_i,e_j]=[w_j,h_i],\quad \forall\, i,j\in\mathbb{N}.$$

所以有

$$f_i=\sum_{j=1}^{\infty}[f_i,e_j]e_j=\sum_{j=1}^{\infty}[w_j,h_i]e_j.$$

这就证明了结论.

首先，介绍一个序列和它的 Riesz 对偶之间的联系.

引理 2.2.2 对$(a_j)_{j\in\mathbb{N}}$，$(b_i)_{i\in\mathbb{N}}\in\ell^2(\mathbb{N})$，有

$$\left\|\sum_{j=1}^{\infty}a_jw_j\right\|^2=\sum_{i=1}^{\infty}|[\phi,f_i]|^2 \text{ 和} \left\|\sum_{i=1}^{\infty}b_if_i\right\|^2=\sum_{j=1}^{\infty}|[g,w_j]|^2.$$

其中，$\phi = \sum_j a_j e_j, g = \sum_i b_i h_i$.

证明:直接计算范数得

$$\left\| \sum_{j=1}^{\infty} a_j w_j \right\|^2 = \sum_{i=1}^{\infty} \sum_{j=1}^{\infty} \sum_{k=1}^{\infty} a_j \overline{a_k} [f_i, e_j] \overline{[f_i, e_k]} = \sum_{i=1}^{\infty} |[\phi, f_i]|^2.$$

第二个等式可以类似证明.

接下来，给出序列的极小、完备、无关与 Riesz 对偶之间的关系.

定理 2.2.1　下列两条等价.

(1) $(f_i)_{i\in\mathbb{N}}$是完备的.

(2) $(w_j)_{j\in\mathbb{N}}$是关于$\ell^2(\mathbb{N})$无关的.

证明:令$(a_j)_{j\in\mathbb{N}} \in \ell^2(\mathbb{N})$，并定义 $\phi = \sum_j a_j e_j$. 利用引理 2.2.2，得到

$$\left\| \sum_{j=1}^{\infty} a_j w_j \right\|^2 = \sum_{i=1}^{\infty} |[\phi, f_i]|^2.$$

所以$(w_j)_{j\in\mathbb{N}}$是关于$\ell^2(\mathbb{N})$无关的当且仅当对所有的

$$\phi = \sum_{j=1}^{\infty} a_j e_j,\quad a = (a_j)_{j\in\mathbb{N}} \in \ell^2(\mathbb{N}),\quad a \neq 0$$

都有

$$\sum_{i=1}^{\infty} |[\phi, f_i]|^2 \neq 0.$$

上式恰好说明$(f_i)_{i\in\mathbb{N}}$是完备的.

无关的序列是关于$\ell^2(\mathbb{N})$无关的序列的子集. 对于无关序列，有下列结论.

定理 2.2.2　下列两条等价：

(1) $(w_j)_{j\in\mathbb{N}}$是无关的.

(2) 如果 $a=(a_j)_{j\in\mathbb{N}}$是一个数列且 $\phi_n = \sum_{j=1}^{n} a_j e_j \in \mathcal{H}$，则

$$\lim_{n\to\infty} \sum_{i=1}^{\infty} |[\phi_n, f_i]|^2 = 0 \Rightarrow a = 0.$$

证明:由引理 2.2.2，有

$$\sum_{i=1}^{\infty} |[\phi_n, f_i]|^2 = \left\| \sum_{j=1}^{n} a_j w_j \right\|^2.$$

从而可以立即得到结论.

对于序列的极小性，有下面的结论.

定理 2.2.3 下列条件等价:

(1) $(w_j)_{j\in\mathbb{N}}$是无关的.

(2) 存在一列常数 $0<c_j\leqslant 1, j\in\mathbb{N}$使得对所有的数列$(a_j)_{j\in\mathbb{N}}$和 k,有

$$\left\|\sum_{j=1}^{\infty}a_jw_j\right\|\geqslant |c_ka_k|.$$

(3)存在一列常数 $c_j>0, j\in\mathbb{N}$使得对任意 $\phi=\sum_j a_je_j\in\mathcal{H}$,有

$$\sum_{i=1}^{\infty}|[\phi,f_i]|^2\geqslant \|(c_ja_j)_{j\in\mathbb{N}}\|_2^2.$$

证明:首先,假设$(w_j)_{j\in\mathbb{N}}$是极小的.则存在一个与$(w_j)_{j\in\mathbb{N}}$双正交的序列$(g_j)_{j\in\mathbb{N}}$,即对所有的 $j,k\in\mathbb{N}$,都有$[g_k,w_j]=\delta_{kj}$. 对于每一个 $j\in\mathbb{N}$定义 $c_j=\min\left\{1,\frac{1}{\|g_j\|}\right\}>0$. 对所有的 $k\in\mathbb{N}$和数列$(a_j)_{j\in\mathbb{N}}$,得到

$$\left\|\sum_{j=1}^{\infty}a_jw_j\right\|\geqslant\frac{1}{\|g_k\|}\left|\left[g_k,\sum_{j=1}^{\infty}a_jw_j\right]\right|\geqslant|c_ka_k|.$$

这就证明了(1)⇒(2).

现在假设(2)成立,令$(a_j)_{j\in\mathbb{N}}$是一个数列且 $\phi=\sum_j a_je_j\in\mathcal{H}$. 如果 $\sum_j a_jw_j=0$,根据(2),得到 $0=\left\|\sum_j a_jw_j\right\|\geqslant|c_ka_k|$. 这蕴含着对所有的 $k\in\mathbb{N}$,都有 $a_k=0$. 从而(1)成立.

为了证明(2)⇒(3),令 c_j', $j\in\mathbb{N}$是满足条件(2)的常数. 定义 $c_j=\frac{c_j'}{2^j}$, $j\in\mathbb{N}$. 利用引理 2.2.2,有

$$\begin{aligned}\sum_{j=1}^{\infty}|c_ja_j|^2&=\sum_{j=1}^{\infty}\left|\frac{1}{2^j}c'_ja_j\right|^2\\&\leqslant\left(\sum_{j=1}^{\infty}\frac{1}{2^j}\right)\sup_{k\in\mathbb{N}}|c'_ka_k|^2\\&\leqslant\left\|\sum_{j=1}^{\infty}a_jw_j\right\|^2=\sum_{i=1}^{\infty}|[\phi,f_i]|^2.\end{aligned}$$

反方向的证明可利用引理 2.2.2 立即得到.

现在来讨论基和基序列.

定理 2.2.4 令 S 是序列$(f_i)_{i\in\mathbb{N}}$的框架算子,P_N 是从$\mathcal{H}$到$\overline{\text{span}}\{e_j\}_{j=1}^N$的正交投影,$S_N$ 是序列$(P_Nf_i)_{i\in\mathbb{N}}$的框架算子,则下列条件等价:

(1) $(w_j)_{j\in\mathbb{N}}$中的非零元素组成一个基序列.

(2) 存在常数 $0<B<\infty$,对于 $N\in\mathbb{N}$和 $\phi\in\mathcal{H}$,有

$$\sum_{i=1}^{\infty}|[\phi,P_Nf_i]|^2\leqslant B\sum_{i=1}^{\infty}|[\phi,f_i]|^2.$$

(3) 存在常数 $0<B<\infty$，对所有的 $N\in\mathbb{N}$，有 $S_N\leqslant BS$.

并且，此时 $(f_i)_{i\in\mathbb{N}}$ 在 $F=\overline{\operatorname{span}}\left\{e_j:\sum_i|[f_i,e_j]|^2\neq 0\right\}$ 中是完备的.

证明：令 $E=\left\{j\in\mathbb{N}:\sum_i|[f_i,e_j]|^2\neq 0\right\}$，则对所有的 $j\in E$，$\omega_j\neq 0$. 不失一般性，假设对所有的 $j\in\mathbb{N}$，有 $\sum_i|[f_i,e_j]|^2\neq 0$.

固定 $N\in\mathbb{N}$ 且 $M\geqslant N$，由定理 1.3.1 和引理 2.2.2 知道，(1) 等价于对所有的 $(a_j)_{j\in\mathbb{N}}\in\ell^2(\mathbb{N})$，有

$$\left\|\sum_{j=1}^{N}a_jw_j\right\|^2\leqslant B\left\|\sum_{j=1}^{M}a_jw_j\right\|^2=B\sum_{i=1}^{\infty}|[\phi,f_i]|^2,$$

其中，$\phi=\sum_{j=1}^{M}a_je_j$. 从而等式

$$\left\|\sum_{j=1}^{N}a_jw_j\right\|^2=\sum_{i=1}^{\infty}|[\phi,P_Nf_i]|^2$$

就蕴含了 (1) 和 (2) 等价.

由于 $\sum_i|[\phi,P_Nf_i]|^2=[S_N\phi,\phi]$ 且 $\sum_i|[\phi,f_i]|^2=[S\phi,\phi]$，所以 (2) 和 (3) 的等价是显然的.

现在用反证法证明定理的最后一部分. 如果 $(f_i)_{i\in\mathbb{N}}$ 在 F 中不是完备的，则存在某个 $\phi\in F$ 使得对所有的 $i\in\mathbb{N}$ 有 $[\phi,f_i]=0$. 把 ϕ 在标准正交基下展开得 $\phi=\sum_j a_je_j$. 令 k 是使得 $a_k\neq 0$ 的最小数字，则 (2) 说明了

$$0\neq\sum_{i=1}^{\infty}|[\phi,P_kf_i]|^2\leqslant B\sum_{i=1}^{\infty}|[\phi,f_i]|^2.$$

但因为 ϕ 在 $\overline{\operatorname{span}}(f_i)_{i\in\mathbb{N}}$ 的正交补中，所以有

$$\sum_{i=1}^{\infty}|[\phi,f_i]|^2=0.$$

从而得出矛盾.

2.3　框架的 Riesz 对偶的性质

本节主要介绍与框架相关的 Riesz 对偶的性质.

引理 2.3.1　下列条件等价：

(1) $(f_i)_{i\in\mathbb{N}}$ 是一个 Bessel 序列，且界为 B.

(2) 对所有的 $a=(a_j)_{j\in\mathbb{N}}\in\ell^2(\mathbb{N})$，序列 $(w_j)_{j\in\mathbb{N}}$ 满足

$$\left\|\sum_{j=1}^{\infty}a_jw_j\right\|^2\leqslant B\|a\|_2^2.$$

证明: 令$(a_j)_{j\in\mathbb{N}}\in\ell^2(\mathbb{N})$且$\phi=\sum_j a_je_j$,由引理 2.2.2,得到

$$\left\|\sum_{j=1}^{\infty}a_jw_j\right\|^2=\sum_{i=1}^{\infty}|[\phi,f_i]|^2.$$

因为$\|\phi\|^2=\|a\|_2^2$,就证明了结论.

类似的,还可以证明如下引理.

引理 2.3.2 下列条件等价.

(1) $(f_i)_{i\in\mathbb{N}}$具有框架下界A.

(2) 对于所有的$a=(a_j)_{j\in\mathbb{N}}\in\ell^2(\mathbb{N})$,序列$(w_j)_{j\in\mathbb{N}}$满足

$$\sum_{j=1}^{\infty}a_jw_j^2\geqslant A\|a\|_2^2.$$

若$(f_i)_{i\in\mathbb{N}}\subset\mathcal{H}$是 Bessel 序列,$S$是它的框架算子,则有

$$\begin{aligned}[w_j,w_k]=&\sum_{i=1}^{\infty}<f_i,e_j>\overline{[f_i,e_k]}=\left[\sum_{i=1}^{\infty}[e_k,f_i]f_i,e_j\right]\\=&[S^{1/2}e_k,S^{1/2}e_j].\end{aligned}$$

这说明了序列$(f_i)_{i\in\mathbb{N}}$的 Riesz 对偶与序列$(S^{1/2}e_j)_{j\in\mathbb{N}}$是酉等价的.

下面的定理给出了一个序列能成为框架的充分必要条件.

定理 2.3.1 假设存在常数$0<A\leqslant B<\infty$,使得$A\leqslant\sum_i|[f_i,e_j]|^2\leqslant B$. 对$\mathbb{N}$中的任意一个子集$V$,令$P_V$是$\mathcal{H}$到$\overline{\operatorname{span}}\{e_j\}_{j\in V}$上的投影,则下列条件等价:

(1) $(f_i)_{i\in\mathbb{N}}$是$\mathcal{H}$的一个框架,框架界为A和B.

(2) $(w_j)_{j\in\mathbb{N}}$是一个 Riesz 序列,Riesz 界为A和B.

(3) 存在常数$0<B<\infty$,对所有$\mathcal{H}$上的正交投影P和$\phi\in\mathcal{H}$,有

$$\sum_{i=1}^{\infty}|[\phi,Pf_i]|^2\leqslant B\sum_{i=1}^{\infty}|[\phi,f_i]|^2.$$

(4) 存在常数$0<B<\infty$,对所有的子集V和$\phi\in\mathcal{H}$,有

$$\sum_{i=1}^{\infty}|[\phi,P_Vf_i]|^2\leqslant B\sum_{i=1}^{\infty}|[\phi,f_i]|^2.$$

证明: 应用引理 2.3.1 和引理 2.3.2,可立即得到(1)与(2)等价. 假设$(f_i)_{i\in\mathbb{N}}$是$\mathcal{H}$的一个框架. 对所有$\mathcal{H}$上的投影P和$\phi\in P\mathcal{H}$,有

$$\sum_{i=1}^{\infty}|[\phi,Pf_i]|^2=\sum_{i=1}^{\infty}|[P\phi,f_i]|^2=\sum_{i=1}^{\infty}|[\phi,f_i]|^2.$$

这就说明了(1)和(3)等价.

显然,(3)可推出(4). 接下来证明(4)⇒(2). 假设存在一个常数$0<B<\infty$,对任意的子集$V\subseteq\mathbb{N}$都有

$$\sum_{i=1}^{\infty}|[\phi,P_V f_i]|^2 \leqslant B\sum_{i=1}^{\infty}|[\phi,f_i]|^2.$$

对$\mathbb{N}$的任何有限子集 V,可以置换正交基的元素,使得 $P_V=P_N$,其中,$N=|V|$ 且 P_N 表示从$\mathcal{H}$到$\overline{\text{span}}\{e_j\}_{j=1}^N$的正交投影. 从而得到

$$\sum_{i=1}^{\infty}|[\phi,P_N f_i]|^2 \leqslant B\sum_{i=1}^{\infty}|[\phi,f_i]|^2,\quad \phi\in\mathcal{H}.$$

因此,对于$(e_j)_{j\in\mathbb{N}}$中元素的任何置换,定理 2.2.4 保证了$(w_j)_{j\in\mathbb{N}}$都是一个基序列. 又由假设 $A\leqslant\sum_i|[f_i,e_j]|^2\leqslant B$ 知道,$(\|w_j\|)_{j\in\mathbb{N}}$是有界的,所以$(w_j)_{j\in\mathbb{N}}$是一个 Riesz 基序列.

特别的,对于紧框架,有如下结论.

定理 2.3.2　下列条件等价:

(1) $(f_i)_{i\in\mathbb{N}}$是一个 λ-紧框架.

(2) $\left(\frac{1}{\sqrt{\lambda}}w_j\right)_{j\in\mathbb{N}}$是一个标准正交系.

证明:应用引理 2.2.2,(1)成立当且仅当对所有的 $\phi=\sum_j a_j e_j$ 有

$$\lambda\|a\|_2^2=\lambda\|\phi\|^2=\sum_{i=1}^{\infty}|[\phi,f_i]|^2=\left\|\sum_{j=1}^{\infty}a_j w_j\right\|^2.$$

而上式成立又等价于$\left(\frac{1}{\sqrt{\lambda}}w_j\right)_{j\in\mathbb{N}}$是一个标准正交系.

2.4　Riesz 对偶的等价刻画

本节主要介绍 Christense 等人在文献[17]中给出的刻画结果. 要解决的问题是:令$(f_i)_{i\in\mathbb{N}}$和$(\omega_j)_{j\in\mathbb{N}}$分别是希尔伯特空间$\mathcal{H}$中的框架和 Riesz 序列,在什么条件下,才能找到$\mathcal{H}$中的标准正交基$(e_i)_{i\in\mathbb{N}}$和$(h_i)_{i\in\mathbb{N}}$,使得式(2.2.1)成立. 给定任意 Riesz 序列$(\omega_j)_{j\in\mathbb{N}}$,序列$(f_i)_{i\in\mathbb{N}}$和标准正交基$(e_i)_{i\in\mathbb{N}}$,首先说明什么样的序列$(h_i)_{i\in\mathbb{N}}$能使得式(2.2.1)成立. 接下来的问题就是在所有满足条件的序列$(h_i)_{i\in\mathbb{N}}$中,是否有一个是标准正交基. 解决问题的关键是对序列$(n_i)_{i\in\mathbb{N}}$的分析,它的定义为

$$n_i:=\sum_{k\in\mathbb{N}}[e_k,f_i]\tilde{\omega}_k,\quad i\in\mathbb{N},\tag{2.4.1}$$

其中,$(\tilde{\omega}_k)_{k\in\mathbb{N}}$是序列$(\omega_j)_{j\in\mathbb{N}}$的对偶,即:$[\omega_j,\tilde{\omega}_k]=\delta_{j,k}$且 $\{\tilde{\omega}_k\}_{k\in\mathbb{N}}\subset W:=\overline{\text{span}}\{\omega_j\}_{j\in\mathbb{N}}$. 由定义立即可以得到

$$[\omega_j,n_i]=[f_i,e_j],\quad \forall i,j\in\mathbb{N}.\tag{2.4.2}$$

引理 2.4.1 令$(\omega_j)_{j\in\mathbb{N}}$是希尔伯特空间$\mathcal{H}$的子空间 W 的一个 Riesz 基,$(\tilde{\omega}_k)_{k\in\mathbb{N}}$是它的对偶基.假设$(e_i)_{i\in\mathbb{N}}$是$\mathcal{H}$的一个标准正交基,则对$\mathcal{H}$中的任意一个序列$(f_i)_{i\in\mathbb{N}}$有:

(1) $\mathcal{H}$中存在序列$(h_i)_{i\in\mathbb{N}}$使得

$$f_i=\sum_{j\in\mathbb{N}}[\omega_j,h_i]e_j,\quad \forall i\in\mathbb{N}. \tag{2.4.3}$$

(2) 式(2.4.3)中的$(h_i)_{i\in\mathbb{N}}$具有

$$h_i=m_i+n_i, \tag{2.4.4}$$

其中,$m_i\in W^{\perp}$.

(3) 如果$(\omega_j)_{j\in\mathbb{N}}$是$\mathcal{H}$的 Riesz 基,则式(2.4.3)具有唯一的形式:

$$h_i=n_i,\quad i\in\mathbb{N}.$$

证明:把 f_i 在标准正交基$(e_j)_{j\in\mathbb{N}}$下展开并利用式(2.4.2),有

$$f_i=\sum_{j\in\mathbb{N}}[f_i,e_j]e_j=\sum_{j\in\mathbb{N}}[\omega_j,n_i]e_j,\quad i\in\mathbb{N}.$$

这说明如果选择 $h_i=n_i$,则式(2.4.3)成立,从而证明了(1).对于 $m_i\in W^{\perp}$,因为 $\omega_j\in W$,所以 $h_i=m_i+n_i$ 也能使得式(2.4.3)成立.为了完成(2)的证明,只需说明所有满足式(2.4.3)的 h_i 都具有(2.4.4)的形式.假设 h_i 使得式(2.4.3)成立,对每一个 i,令 $h_i=m_i+n_i$,其中 $m_i:=h_i-n_i$.因为 f_i 在标准正交基$(e_i)_{i\in\mathbb{N}}$下的分解是唯一的,所以由

$$f_i=\sum_{j\in\mathbb{N}}[\omega_j,h_i]e_j=\sum_{j\in\mathbb{N}}[\omega_j,n_i]e_j,$$

得到

$$[\omega_j,h_i]=[\omega_j,n_i],\quad \forall j\in\mathbb{N},$$

也就是

$$[\omega_j,m_i]=0,\quad \forall j\in\mathbb{N}.$$

这说明了 $m_i\in W^{\perp}$,从而就完成了(2)的证明.而(3)是(2)的直接结论.

上面的引理对序列$(f_i)_{i\in\mathbb{N}}$没有施加额外的性质.现在加强条件,并把框架界也考虑进去.

引理 2.4.2 令$(\omega_j)_{j\in\mathbb{N}}$是$\mathcal{H}$中的 Riesz 序列,具有 Riesz 界 C,D,$(e_i)_{i\in\mathbb{N}}$是$\mathcal{H}$的一个标准正交基,$(f_i)_{i\in\mathbb{N}}$是$\mathcal{H}$的一个框架,具有框架界 A,B.则序列$(n_i)_{i\in\mathbb{N}}$是 $W:=\overline{\operatorname{span}}\{\omega_j\}_{j\in\mathbb{N}}$的一个框架,且具有框架界 $A/D,B/C$.

证明:根据 n_i 的定义,对任意的 $f\in W$,有

$$\begin{aligned}\sum_{i\in\mathbb{N}}|[f,n_i]|^2&=\sum_{i\in\mathbb{N}}\left|\left[f,\sum_{k\in\mathbb{N}}[e_k,f_i]\tilde{\omega}_k\right]\right|^2\\&=\sum_{i\in\mathbb{N}}\left|\sum_{k\in\mathbb{N}}[f,\tilde{\omega}_k][f_i,e_k]\right|^2\\&=\sum_{i\in\mathbb{N}}\left|\left[f_i,\sum_{k\in\mathbb{N}}[\tilde{\omega}_k,f]e_k\right]\right|^2.\end{aligned}$$

因为$(\tilde{\omega}_k)_{k\in\mathbb{N}}$是 W 的具有 Riesz 界 $1/D,1/C$ 的 Riesz 基，且 $n_i\in W$，所以得到

$$\sum_{i\in\mathbb{N}}|[f,n_i]|^2\geqslant A\left\|\sum_{k\in\mathbb{N}}[\tilde{\omega}_k,f]e_k\right\|^2=A\sum_{k\in\mathbb{N}}|<\tilde{\omega}_k,f>|^2\geqslant\frac{A}{D}\|f\|^2.$$

上界可类似证明.

接下来说明$(h_i)_{i\in\mathbb{N}}$能否是标准正交基. 当$(\omega_j)_{j\in\mathbb{N}}$是$\mathcal{H}$的 Riesz 基时，引理 2.4.1 的(3)回答了上述问题. 所以只就$(\omega_j)_{j\in\mathbb{N}}$的线性闭包是$\mathcal{H}$的真子集的情况进行讨论.

定理 2.4.1　令$(\omega_j)_{j\in\mathbb{N}}$是$\mathcal{H}$的一个 Riesz 序列，它的线性闭包 W 是$\mathcal{H}$的真子集. $(e_i)_{i\in\mathbb{N}}$是$\mathcal{H}$的一个标准正交基. 若$(f_i)_{i\in\mathbb{N}}$是$\mathcal{H}$的一个框架，则下列条件等价：

(1) $(\omega_j)_{j\in\mathbb{N}}$是$(f_i)_{i\in\mathbb{N}}$的关于$(e_i)_{i\in\mathbb{N}}$和某个标准正交基$(h_i)_{i\in\mathbb{N}}$的 Riesz 对偶.

(2) 存在$\mathcal{H}$的标准正交基$(h_i)_{i\in\mathbb{N}}$使得式(2.4.3)成立.

(3) $(n_i)_{i\in\mathbb{N}}$是 W 的一个 Parseval 框架且

$$\dim(\ker T^*)=\dim(W^{\perp}),\tag{2.4.5}$$

其中，T^*是$(f_i)_{i\in\mathbb{N}}$的合成算子.

证明：由引理 2.4.1，可以直接得到(1)和(2)等价.

(2)⇒(3). 由框架的性质知道，标准正交基到子空间上的投影是一个 Parseval 框架. 令 P 是从$\mathcal{H}$到 W 的投影. 因为$(h_i)_{i\in\mathbb{N}}$是$\mathcal{H}$的标准正交基，所以由式(2.4.4)知，

$$(P(h_i))_{i\in J}=(P(n_i+m_i))_{i\in J}=(n_i)_{i\in J},$$

是 W 的 Parseval 框架.

(3)⇒(2)留到下一节膨胀引理之后证明.

在文献[17]中，并没有加入条件(2.4.5)，将在下一节说明，它是必要的. 上面的定理说明，并不是所有的框架和 Riesz 序列都能成为 Riesz 对偶. 通过下面的例子进一步说明.

例 2.4.1　令$(e_i)_{i\in\mathbb{N}}$是$\mathcal{H}$的一个标准正交基，且

$$(f_i)_{i\in\mathbb{N}}:=(2e_1,e_1,e_2,e_3,\cdots),\quad(\omega_j)_{j\in\mathbb{N}}=(5e_1,e_3,e_5,\cdots),$$

则$(f_i)_{i\in\mathbb{N}}$是一个框架，具有界 $A=1,B=5$，并且$(\omega_j)_{j\in\mathbb{N}}$是一个具有相同界的 Riesz 序列. 对偶 Riesz 序列为

$$(\tilde{\omega}_k)_{k\in\mathbb{N}}=\left(\frac{1}{5}e_1,e_3,e_5,\cdots\right).$$

直接计算可得

$$(n_i)_{i\in\mathbb{N}}=\left(\frac{2}{5}e_1,\frac{1}{5}e_1,e_3,e_5,\cdots\right).$$

显然$(n_i)_{i\in\mathbb{N}}$不是 Parseval 框架. 所以无论选取什么样的$(h_i)_{i\in\mathbb{N}}$，都不能使得$(\omega_j)_{j\in\mathbb{N}}$是$(f_i)_{i\in\mathbb{N}}$的关于$(e_i)_{i\in\mathbb{N}}$和$(h_i)_{i\in\mathbb{N}}$的 Riesz 对偶.

当$(f_i)_{i\in\mathbb{N}}$是紧框架时，由 Gabor 分析可知，紧 Gabor 框架和它的对偶格点系统是 Riesz 对偶关系[14]. 而对于非紧框架，有下面的例子.

例 2.4.2 令$(e_i)_{i\in\mathbb{N}}$是$\mathcal{H}$的一个标准正交基. 定义

$$(f_i)_{i\in\mathbb{N}}=\left(\frac{1}{2}e_1,e_2,e_3,\cdots\right),\quad (\omega_j)_{j\in\mathbb{N}}=\left(\frac{1}{2}e_1,e_2,e_3,\cdots\right),$$

则

$$\tilde{\omega}_k=(2e_1,e_2,e_3,\cdots),\quad n_i=\sum_{k\in\mathbb{N}}[e_k,f_i]\tilde{\omega}_k=e_i.$$

所以$(n_i)_{i\in\mathbb{N}}$是标准正交基，当然是 Parseval 框架. 选取$h_i=e_i$，则$(\omega_j)_{j\in\mathbb{N}}$是$(f_i)_{i\in\mathbb{N}}$的关于$(e_i)_{i\in\mathbb{N}}$和$(h_i)_{i\in\mathbb{N}}$的 Riesz 对偶.

2.5 Riesz 对偶的算子刻画与谱刻画

本节先介绍一个膨胀定理，然后把它应用到 Riesz 对偶理论上，以得到一些等价定理. 框架膨胀的观点是由 David Larson 和韩德广在文献[41]中首次提出的，它与 Riesz 对偶有很自然的联系. 他们指出：任何 Parseval 框架都可以膨胀成为一个标准正交基.

命题 2.5.1[41] 令 J 是一个可数集. 假设$(x_n)_{n\in J}$是 W 的一个框架，则存在一个希尔伯特空间 $K\supseteq W$ 和它的一个标准正交基$(e_n)_{n\in J}$使得 $Pe_n=x_n$，其中 P 是从 K 到 W 上的投影.

但是，给定一个希尔伯特空间$\mathcal{H}$和它的子集 W 的一个 Parseval 框架，这个 Parseval 框架能否膨胀成为$\mathcal{H}$的标准正交基呢？下面的定理回答了这个问题[19].

定理 2.5.1 给定两个可分的希尔伯特空间$\mathcal{H}\supseteq M$，假设$(x_n)_{n\in J}$是 W 的一个 Parseval 框架，则存在$\mathcal{H}$的一个标准正交基$(e_n)_{n\in J}$使得 $Pe_n=x_n$，当且仅当

$$\dim(\ker T^*)=\dim(W^{\perp}).\tag{2.5.1}$$

其中，P 是从 H 到 W 的正交投影，T^* 是序列$(x_i)_{i\in J}$的合成算子.

证明：充分性. 因为对任一$(c_i)_{i\in J}\in\ell^2(J)$，有

$$\sum_{i\in J}c_ix_i=\sum_{i\in J}c_iPe_i=P\sum_{i\in J}c_ie_i,$$

所以$(c_i)_{i\in J}\in\ker T^*$当且仅当 $\sum_{i\in J}c_ie_i\in W^{\perp}$，从而式(2.5.1) 成立.

必要性. 假设式(2.5.1)成立，则存在一个希尔伯特空间 $K=\ell^2(J)$，

一个正交投影 P 和 K 的一个标准正交基 $(e_i)_{i\in J}$ 使得

$$Pe_i=\theta(x_i), \tag{2.5.2}$$

其中，θ 是 $(x_i)_{i\in J}$ 的分析算子. 因为 θ 是单射，所以当它限制在 $\theta(W)$ 上时有逆算子. 为了简单起见，仍记它为 θ^{-1}.

对任意的 $(c_i)_{i\in J}\in\ell^2(J)$，因为

$$\sum_{i\in J}c_i[x,x_i]=\left[x,\sum_{j=1}^{n}i\bar{c}_ix_i\right],$$

所以

$$\dim\ker T^*=\dim(\theta(W))^{\perp}. \tag{2.5.3}$$

又由式(2.5.1)，得到

$$\dim(W^{\perp})=\dim(\ker T^*)=\dim(\theta(W))^{\perp}.$$

因此，存在一个从 $W^{\perp}$ 到 $(\theta(W))^{\perp}$ 的酉算子 η. 结合算子 θ，定义从 $\mathcal{H}$ 到 K 的酉算子 U：

$$Ut=U(t_1+t_2)=\theta t_1+\eta t_2,\quad t_1\in W,t_2\in W^{\perp}.$$

显然

$$U^{-1}y=U^{-1}(y_1+y_2)=\theta^{-1}y_1+\eta^{-1}y_2,\quad y_1\in\theta(W),y_2\in\theta(W)^{\perp}.$$

因此，$U^*=U^{-1}$. 事实上，对 $t\in H$ 和 $y\in K$，有

$$\begin{aligned}[Ut,y]&=[U(t_1+t_2),y_1+y_2]\\&=[\theta t_1,y_1]+[\eta t_2,y_2]\\&=[t_1,\theta^{-1}y_1]+[t_2,\eta^{-1}y_2]\\&=[t,\theta^{-1}y_1+\eta^{-1}y_2]\\&=[t,U^{-1}y]\\&=[t,U^*y],\end{aligned}$$

其中，第三个等式是因为 $(x_n)_{n\in J}$ 是 Parseval 框架和 η 是酉算子. 又因为 U 是酉算子，得到 $(\varepsilon_i)_{i\in J}=(U^{-1}e_i)_{i\in J}$ 是 $\mathcal{H}$ 的一个标准正交基.

现在，在式(2.5.2)的两边取 U^{-1}，得到

$$U^{-1}Pe_i=U^{-1}PUU^{-1}e_i=U^{-1}PU\varepsilon_i=x_i.$$

这里断言 $U^{-1}PU$ 是一个正交投影. 事实上，由 U 和 P 的性质，有

$$(U^{-1}PU)^2=U^{-1}P^2U=U^{-1}PU$$

和

$$(U^{-1}PU)^*=(U^*PU)^*=U^*PU=U^{-1}PU.$$

这就证明了断言并完成了定理的证明.

接下来给出一个例子，来说明上一节中的条件(2.4.5)是必要的.

例 2.5.1　取 J 为自然数集$\mathbb{N}$. 假设 $(z_i)_{i\in J}$ 是 $\mathcal{H}$ 的一个标准正交基. 对所有的 $i\in J$，定义 $f_i=2z_i$ 且 $\omega_i=2z_{2i}$，则序列 $(f_i)_{i\in J}$ 是一个框架界为 2 的

紧框架，且$(\omega_j)_{j\in J}$是一个 Riesz 界为 2 的 Riesz 序列. 简单计算可得，$(\omega_j)_{j\in J}$的对偶序列$(\tilde{\omega}_j)_{j\in J}$等于$\left(\frac{1}{2}z_{2j}\right)_{j\in J}$. 令

$$n_i = \sum_{k\in J}[z_k, f_i]\tilde{\omega}_k = \sum_{k\in J}[z_k, 2z_i]\frac{1}{2}z_{2k} = z_{2i}.$$

显然，$(n_i)_{i\in J}$是一个 Parseval 框架，但$(\omega_j)_{j\in J}$不可能是$(f_i)_{i\in J}$的 Riesz 对偶. 若不然，由引理 2.4.1 的(2)可得知$\mathcal{H}$的标准正交基$(h_i)_{i\in J}$具有形式

$$h_i = m_i + n_i,$$

其中，$m_i\in W^{\perp}$，$i\in J$. 因为$n_i\in W$，有

$$1 = \|h_i\|^2 = \|m_i + n_i\|^2 = \|m_i\|^2 + \|n_i\|^2 = \|m_i\|^2 + \|z_{2i}\|^2.$$

又因为$\|z_{2i}\|=1$，所以对所有的$i\in J$有$m_i=0$，从而得到$h_i=n_i=z_{2i}$. 这与$(h_i)_{i\in J}$是$\mathcal{H}$的一个标准正交基矛盾. 这种矛盾的产生是因为

$$\{0\} = \dim(\ker T^*) \neq \dim(W)^{\perp} = \infty,$$

也就是说它不满足条件(2.4.5).

事实上，任何一个标准正交序列（当然是自身闭包的一个 Parseval 框架）只能膨胀成它自己. 现在来证明定理 2.4.1 中的(3)⇒(2).

证明：若$(n_i)_{i\in J}$是一个 Parseval 框架，且有维数条件(2.4.5)成立，则由定理 2.5.1，存在$\mathcal{H}$中的一个标准正交基$(h_i)_{i\in J}$使得$Ph_i=n_i$，其中P是$\mathcal{H}$到W的投影. 从而定理得证.

现在讨论在什么条件下，序列$(\omega_i)_{i\in J}$可以成为序列$(f_i)_{i\in J}$的 Riesz 对偶. 首先给出两个引理.

引理 2.5.1　令$(n_i)_{i\in J}$是(2.4.1)中定义的序列，W是序列$(\omega_j)_{j\in J}$的线性闭包，则$\overline{\text{span}}\{n_i\}_{i\in J}=W$.

证明：因为$n_i = \sum_{k\in J}[e_k, f_i]\tilde{\omega}_k$，有

$$\overline{\text{span}}\{n_i\}_{i\in J} \subseteq \overline{\text{span}}\{\tilde{\omega}_i\}_{i\in J} = W.$$

又因为$(f_i)_{i\in J}$是$\mathcal{H}$的一个框架，所以存在序列$(c_\ell)_{\ell\in J}\in \ell^2(J)$使得$e_m = \sum_{\ell\in J}c_\ell f_\ell$. 从而有

$$\begin{aligned}\sum_{\ell\in J}\bar{c}_\ell n_\ell &= \sum_{\ell\in J}\bar{c}_\ell\sum_{k\in J}[e_k, f_\ell]\tilde{\omega}_k \\ &= \sum_{k\in J}\left[e_k, \sum_{\ell\in J}c_{f\ell}\right]\tilde{\omega}_k = \sum_{k\in J}[e_k, e_m]\tilde{\omega}_k = \tilde{\omega}_m.\end{aligned}$$

所以$W\subseteq\overline{\text{span}}(n_i)_{i\in J}$，从而引理得证.

对$f\in W$，定义$S_\omega f = \sum_{k\in J}[f, \omega_k]\omega_k$且$S_{\tilde{\omega}}f = \sum_{k\in J}[f, \tilde{\omega}_k]\tilde{\omega}_k$，则$S_{\tilde{\omega}}^{-\frac{1}{2}}\tilde{\omega}_k$是$W$的一个标准正交基. 因为$[\omega_k, S_\omega^{-1}\omega_\ell]=\delta_{k,\ell}$，所以$\tilde{\omega}_k = S_\omega^{-1}\omega_k$. 更进一步，有

$$S_{\tilde{\omega}}f = \sum_{k\in J}(f, S_{\omega}^{-1}\omega_k)S_{\omega}^{-1}\omega_k = S_{\omega}^{-1}S_{\omega}S_{\omega}^{-1}f = S_{\omega}^{-1}f, \quad \forall f \in W.$$

这说明算子等式 $S_{\tilde{\omega}} = S_{\omega}^{-1}$ 成立.

令 $\varepsilon_k = S_{\tilde{\omega}}^{-\frac{1}{2}}\tilde{\omega}$，则 $\tilde{\omega}_k = S_{\tilde{\omega}}^{\frac{1}{2}}\varepsilon_k$. 令 $(e_k)_{k\in J}$ 是 $\mathcal{H}$ 的一个标准正交基，定义共轭算子 $\Lambda:\mathcal{H}\to W$

$$\Lambda f = \Lambda\Big(\sum_{k\in J}c_k e_k\Big) = \sum_{k\in J}\bar{c}_k\varepsilon_k, \quad f = \sum_{k\in J}c_k e_k \in \mathcal{H}.$$

显然，Λ 的逆算子也是一个共轭算子

$$\Lambda^{-1}g = \Lambda^{-1}\Big(\sum_{k\in J}c_k\varepsilon_k\Big) = \sum_{k\in J}\bar{c}_k e_k, \quad \forall g \in W.$$

更进一步，共轭算子 Λ 具有下述性质.

引理 2.5.2　令 Λ 如上定义，则对任意的 $f\in\mathcal{H}$ 和 $g\in W$，都有

$$[\Lambda f, g] = [\Lambda^{-1}g, f].$$

证明：由 Λ 的定义可直接计算

$$\begin{aligned}[\Lambda f, g] &= \Big[\sum_{k\in J}[e_k, f]\varepsilon_k, g\Big] \\ &= \sum_{k\in J}[e_k, f][\varepsilon_k, g] = \Big[\sum_{k\in J}[\varepsilon_k, g]e_k, f\Big] = [\Lambda^{-1}g, f].\end{aligned}$$

定理 2.5.2　存在标准正交基 $(e_i)_{i\in J}$，使得 $(n_i)_{i\in J}$ 是一个 Parseval 框架当且仅当存在一个共轭算子 Λ 使得 $S_{\omega} = \Lambda S\Lambda^{-1}$，其中 S 是 $(f_i)_{i\in J}$ 的框架算子.

证明：由 $(n_i)_{i\in J}$ 的定义和引理 2.5.2，有

$$\begin{aligned}\sum_{i\in J}|[f, n_i]|^2 &= \sum_{i\in J}\Big|\Big[f, \sum_{k\in J}[e_k, f_i]\tilde{\omega}_k\Big]\Big|^2 \\ &= \sum_{i\in J}\Big|\sum_{k\in J}[f_i, e_k][f, \tilde{\omega}_k]\Big|^2 \\ &= \sum_{k\in J}\sum_{\ell\in J}\Big(\sum_{i\in J}[f_i, e_k][e_\ell, f_i]\Big)[f, \tilde{\omega}_k][\tilde{\omega}_\ell, f] \\ &= \sum_{k\in J}\sum_{\ell\in J}[e_\ell, Se_k][f, S_{\tilde{\omega}}^{\frac{1}{2}}\Lambda e_k][S_{\tilde{\omega}}^{\frac{1}{2}}\Lambda e_\ell, f] \\ &= \sum_{k\in J}\sum_{\ell\in J}[e_\ell, Se_k][e_k, \Lambda^{-1}S_{\tilde{\omega}}^{\frac{1}{2}}f][\Lambda^{-1}S_{\tilde{\omega}}^{\frac{1}{2}}f, e_\ell] \\ &= \sum_{k\in J}[e_k, \Lambda^{-1}S_{\tilde{\omega}}^{\frac{1}{2}}f][\Lambda^{-1}S_{\tilde{\omega}}^{\frac{1}{2}}f, Se_k] \\ &= \Big[\sum_{k\in J}[\Lambda^{-1}S_{\tilde{\omega}}^{\frac{1}{2}}f, Se_k]e_k, \Lambda^{-1}S_{\tilde{\omega}}^{\frac{1}{2}}f\Big] \\ &= [S\Lambda^{-1}S_{\tilde{\omega}}^{\frac{1}{2}}f, \Lambda^{-1}S_{\tilde{\omega}}^{\frac{1}{2}}f] = [f, S_{\tilde{\omega}}^{\frac{1}{2}}\Lambda S\Lambda^{-1}S_{\tilde{\omega}}^{\frac{1}{2}}f].\end{aligned} \tag{2.5.4}$$

假设 $(n_i)_{i\in J}$ 是一个 Parseval 框架，则有

$$\sum_{i\in J}|(f, n_i)|^2 = \|f\|^2, \quad \forall f \in W. \tag{2.5.5}$$

又由式(2.5.4),上式可写为

$$\sum_{i\in J}|[f,n_i]|^2=[f,S_{\tilde{\omega}}^{\frac{1}{2}}\Lambda S\Lambda^{-1}S_{\tilde{\omega}}^{\frac{1}{2}}f]=[f,f].\qquad(2.5.6)$$

对任意复数 a 和 b,有

$$\Lambda S\Lambda^{-1}(af+bg)=\Lambda S(\bar{a}\Lambda f+\bar{b}\Lambda g)=a\Lambda S\Lambda f+b\Lambda S\Lambda g.$$

也就是说 $\Lambda S\Lambda^{-1}$ 是一个线性算子,所以 $S_{\tilde{\omega}}^{\frac{1}{2}}\Lambda S\Lambda^{-1}S_{\tilde{\omega}}^{\frac{1}{2}}$ 也是一个线性算子. 又考虑到式(2.5.6),所以有 $S_{\tilde{\omega}}^{\frac{1}{2}}\Lambda S\Lambda^{-1}S_{\tilde{\omega}}^{\frac{1}{2}}=I$,即

$$S_\omega=\Lambda S\Lambda^{-1}.$$

另外,如果存在一个共轭算子 Λ 使得 $S_\omega=\Lambda S\Lambda^{-1}$,定义 $e_j=\Lambda^{-1}\varepsilon_j=\Lambda^{-1}S_\omega^{-\frac{1}{2}}\tilde{\omega}_k$,则式(2.5.4)保证了

$$n_i=\sum_{k\in J}[e_k,f_i]\tilde{\omega}_k$$

是一个 Parseval 框架.

定理 2.5.3 假设$(f_i)_{i\in J}$是希尔伯特空间$\mathcal{H}$的一个框架并且$(\omega_j)_{j\in J}$是$\mathcal{H}$中的一个 Riesz 序列. $(\omega_j)_{j\in J}$是$(f_i)_{i\in J}$的 Riesz 对偶当且仅当下列两条件成立:

(1) 存在一个共轭算子 Λ 使得 $S_w=\Lambda S\Lambda^{-1}$;

(2) $\dim(\ker T^*)=\dim(W^\perp)$.

证明:由引理 2.4.1 知,$(\omega_j)_{j\in J}$是$(f_i)_{i\in J}$的 Riesz 对偶当且仅当$(n_i)_{i\in J}$可以膨胀成$\mathcal{H}$的一个标准正交基. 由定理 2.4.1,这等价于$(n_i)_{i\in J}$是一个 Parseval 框架且(2)成立. 利用定理 2.5.2,得到$(\omega_j)_{j\in J}$是$(f_i)_{i\in J}$的 Riesz 对偶当且仅当(1)和(2)成立.

特别的,若$(f_i)_{i\in\mathbb{N}}$是无限维希尔伯特空间$\mathcal{H}$的一个 A-紧框架且$(\omega_j)_{j\in\mathbb{N}}$是一个 A-紧 Riesz 序列,则一定存在一个从$\mathcal{H}$到 W 的共轭算子 Λ. 所以有 $S=AI_H$,$S_W=AI_W$,且

$$S_W=AI_W=\Lambda AI_H\Lambda^{-1}=\Lambda S\Lambda^{-1}.$$

从而定理 2.5.3 的条件(1)自动成立. 由此得到下列推论,它首次出现在文献[56]中.

推论 2.5.1 令$(f_i)_{i\in J}$是$\mathcal{H}$的一个紧框架且$(\omega_j)_{j\in J}$是一个具有同样界的 Riesz 序列,记$(f_i)_{i\in J}$的合成算子为 T^*,则$(\omega_j)_{j\in J}$是$(f_i)_{i\in J}$的 Riesz 对偶当且仅当 $\dim(\ker T^*)=\dim(W^\perp)$成立.

因为 $S_Wf=\sum_{j\in J}[f,\omega_j]\omega_j$,且

$$\Lambda S\Lambda^{-1}f=\sum_{j\in J}[f_j,\Lambda^{-1}f]\Lambda f_j=\sum_{j\in J}[f,\Lambda f_j]\Lambda f_j,$$

所以定理 2.5.3 的(1)等价于存在一个共轭算子 Λ 使得

$$\sum_{j\in I}[f,\omega_j]\omega_j = \sum_{j\in J}[f,\Lambda f_j]\Lambda f_j.$$

下面，给出 Riesz 对偶的谱刻画.

定理 2.5.4　序列$(\phi_i)_{i\in J}$是序列$(\psi_j)_{j\in J}$的 Riesz 对偶当且仅当下列两条件成立：

(1) $(\phi_i)_{i\in J}$的框架算子S_Φ与$(\psi_j)_{j\in J}$的框架算子S_Ψ具有同样的特征值(重数也一样)；

(2) $\dim(\ker T^*)=\dim(W^\perp)$.

证明：由定理 2.5.3，只需证明(1). 因为框架算子是有界的、自伴的正算子，所以框架算子不可能是紧算子，且它的谱只有点谱. 进一步，若两个线性算子是酉相似的，当且仅当它们具有同样的重数函数[38]，从而定理证毕.

2.6　四类 Riesz 对偶

Diana Stoeva 和 Ole Christensen 在文献[56]中介绍了另外三类 Riesz 对偶，而把前面提到的 Riesz 对偶称为 Ⅰ 型对偶. 他们指出了各类型 Riesz 对偶与 Gabor 对偶的联系. 本节简要介绍各类型对偶，更深入的研究请参阅文献[56,57,45].

定义 2.6.1　令$(e_i)_{i\in\mathbb{N}}$和$(h_i)_{i\in\mathbb{N}}$是$\mathcal{H}$中的两个序列，$(f_i)_{i\in\mathbb{N}}$是$\mathcal{H}$中满足$\sum_{i\in\mathbb{N}}|[f_i,e_j]|^2<\infty$的序列.

(1) 当$(e_i)_{i\in\mathbb{N}}$和$(h_i)_{i\in\mathbb{N}}$是$\mathcal{H}$的标准正交基，$(f_i)_{i\in\mathbb{N}}$的关于$(e_i)_{i\in\mathbb{N}}$和$(h_i)_{i\in\mathbb{N}}$的 Ⅰ 型 Riesz 对偶定义为[14]

$$\omega_j = \sum_{i\in\mathbb{N}}[f_i,e_j]h_i,\quad j\in\mathbb{N}.$$

(2) 当$(e_i)_{i\in\mathbb{N}}$和$(h_i)_{i\in\mathbb{N}}$是$\mathcal{H}$的标准正交基，$(f_i)_{i\in\mathbb{N}}$是$\mathcal{H}$的一个框架且框架算子为 S. $(f_i)_{i\in\mathbb{N}}$的关于$((e_i)_{i\in\mathbb{N}},(h_i)_{i\in\mathbb{N}})$的 Ⅱ 型 Riesz 对偶定义为[56]

$$\omega_j = \sum_{i\in\mathbb{N}}[f_i,S^{-1/2}e_j]S^{1/2}h_i,\quad j\in\mathbb{N}.$$

(3) 当$(e_i)_{i\in\mathbb{N}}$和$(h_i)_{i\in\mathbb{N}}$是$\mathcal{H}$的标准正交基，$(f_i)_{i\in\mathbb{N}}$是$\mathcal{H}$的一个框架且框架算子为 S. 有界双射算子 $Q:\mathcal{H}\to\mathcal{H}$满足$\|Q\|\leqslant\sqrt{\|S\|}$和$\|Q^{-1}\|\leqslant\sqrt{\|S^{-1}\|}$. $(f_i)_{i\in\mathbb{N}}$的关于$((e_i)_{i\in\mathbb{N}},(h_i)_{i\in\mathbb{N}},Q)$的 Ⅲ 型 Riesz 对偶定义为[56]：

$$\omega_j := \sum_{i\in\mathbb{N}}[S^{-1/2}f_i,e_j]Qh_i,\quad j\in\mathbb{N}.$$

(4) 当$(e_i)_{i\in\mathbb{N}}$和$(h_i)_{i\in\mathbb{N}}$是$\mathcal{H}$的 Riesz 序列，$(f_i)_{i\in\mathbb{N}}$的关于$((e_i)_{i\in\mathbb{N}},(h_i)_{i\in\mathbb{N}})$的 Ⅳ 型 Riesz 对偶定义为[62]

$$\omega_j = \sum_{i \in \mathbb{N}} [f_i, e_j] h_i, \quad j \in \mathbb{N}.$$

所有对偶类型的提出，目的都在于更好地理解 Gabor 对偶. 简单回顾一下 Gabor 对偶. 对于 $p,q \in \mathbb{R}$，定义平移算子 $T_p: L^2(\mathbb{R}) \to L^2(\mathbb{R})$ 为 $(T_p g)(x) = g(x-p)$，调制算子 $E_q: L^2(\mathbb{R}) \to L^2(\mathbb{R})$ 为 $(E_q g)(x) = e^{2\pi i qx} g(x)$. 给定参数 $a>0, b>0$ 和函数 $g \in L^2(\mathbb{R})$，相应的 Gabor 系是序列 $(E_{mb} T_{na} g)_{m,n \in \mathbb{Z}}$，其伴随 Gabor 系是序列 $(E_{m/a} T_{n/b} g)_{m,n \in \mathbb{Z}}$.

对偶原理源于 Janssen[46]，Daubechies 等人[25]，Ron 和 Shen[51]，内容如下.

定理 2.6.1 令 $g \in L^2(\mathbb{R})$ 且 $a,b>0$，则 Gabor 系 $(E_{mb} T_{na} g)_{m,n \in \mathbb{Z}}$ 是 $L^2(\mathbb{R})$ 的具有框架界为 A,B 的框架，当且仅当 $\left(\frac{1}{\sqrt{ab}} E_{m/a} T_{n/b} g\right)_{m,n \in \mathbb{Z}}$ 是具有 Riesz 界 A,B 的 Riesz 序列.

众所周知，如果 Gabor 系 $(E_{mb} T_{na} g)_{m,n \in \mathbb{Z}}$ 是一个 Riesz 基，则 $ab=1$. 由对偶原理，$(E_{mb} T_{na} g)_{m,n \in \mathbb{Z}}$ 是一个 Riesz 基当且仅当 $\left(\frac{1}{\sqrt{ab}} E_{m/a} T_{n/b} g\right)_{m,n \in \mathbb{Z}}$ 是一个 Riesz 基. 这说明 $(E_{mb} T_{na} g)_{m,n \in \mathbb{Z}}$ 同 $\left(\frac{1}{\sqrt{ab}} E_{m/a} T_{n/b} g\right)_{m,n \in \mathbb{Z}}$ 的关系与序列 $(f_i)_{i \in \mathbb{N}}$ 同它的 Riesz 对偶的关系一致. 但是，还不知道这是不是一种巧合，也不知道Ⅰ型的对偶是不是能推出对偶原理. 也就是说，给定 $(E_{mb} T_{na} g)_{m,n \in \mathbb{Z}}$，不知道 $\left(\frac{1}{\sqrt{ab}} E_{m/a} T_{n/b} g\right)_{m,n \in \mathbb{Z}}$ 是不是始终可以看成是 $(E_{mb} T_{na} g)_{m,n \in \mathbb{Z}}$ 的Ⅰ型 Riesz 对偶. 这也是文献[56]介绍其他 Riesz 对偶的原因. 对于Ⅲ型 Riesz 对偶，文献[56]给出了如下结果.

定理 2.6.2 令 $(E_{mb} T_{na} g)_{m,n \in \mathbb{Z}}$ 是 $L^2(\mathbb{R})$ 中的 Gabor 系，则 $\left(\frac{1}{\sqrt{ab}} E_{m/a} T_{n/b} g\right)_{m,n \in \mathbb{Z}}$ 总可以看成是 $(E_{mb} T_{na} g)_{m,n \in \mathbb{Z}}$ 的Ⅲ型 Riesz 对偶.

2.7 有限维空间上的 Riesz 对偶

在应用中，有限维的框架更适合计算机处理[13]. 所以本节尝试把 Riesz 对偶的概念应用到有限维空间. 为了以示区别，把前面用到的定义在有限维空间中再次说明.

令 N 是一个正整数，记 H^N 是一个实的或复的 N 维希尔伯特空间.

定义 2.7.1　假设$\{\psi_i\}_{i=1}^N$是希尔伯特空间 H^M 中的一个集合. 若存在常数 $0<A\leqslant B<\infty$,使得

$$A\sum_{i=1}^N |a_i|^2 \leqslant \left\| \sum_{j=1}^M a_i\psi_i \right\|^2 \leqslant B\sum_{i=1}^N |a_i|^2, \quad (a_i)_{i=1}^N \in \mathbb{C}^N. \quad (2.7.1)$$

则称$\{\psi_i\}_{i=1}^N$是 H^M 的一个 Riesz 序列.

常数 A 和 B 分别被称为 Riesz 下界和上界. 若 $M=N$,则满足上式的集合$\{\psi_i\}_{i=1}^N$成为 H^M 的一个 Riesz 基.

定义 2.7.2　假设$\{\phi_j\}_{j=1}^M$是 H^N 中的集合,若存在常数 $0<A\leqslant B<\infty$,使得

$$A\|f\|^2 \leqslant \sum_{j=1}^M |(f,\phi_j)|^2 \leqslant B\|f\|^2, \quad f\in H^N, \qquad (2.7.2)$$

则称$\{\phi_j\}_{j=1}^M$是 H^N 的一个框架. 如果 $A=B=1$,则称其为 Parseval 框架.

定义 2.7.3　令$\{\phi_j\}_{j=1}^M$是 H^N 中的集合. 相应的,分解算子 $T_\Phi:H^N\to C^M$ 定义为

$$T_\Phi f=([f,\phi_j])_{j=1}^M, \quad f\in H^N;$$

合成算子 T_Φ^* 定义为

$$T_\Phi^*(a_j)_{j=1}^M = \sum_{j=1}^M a_j\phi_j, \quad (a_i)_{i=1}^M \in \mathbb{C}^M;$$

框架算子 $S_\Phi:H^N\to H^N$ 定义为

$$S_\Phi f = T_\Phi^* T_\Phi f = \sum_{j=1}^M [f,\phi_j]\phi_j, \quad f\in H^N.$$

因为对所有的 $f\in H^N$,有

$$[S_\Phi f,f]= \sum_{j=1}^M |[f,\phi_j]|^2.$$

所以如果集合$\{\phi_j\}_{j=1}^M$是一个框架,则框架算子 S_Φ 是一个自伴的正算子. 特别地,Parseval 框架的框架算子是 H^N 上的恒等算子 I. 因为 H^N 的 Riesz 基$\{\psi_i\}_{i=1}^N$也是 H^N 上的一个框架,也可以定义它的框架算子 S_Ψ. 对 Riesz 序列,框架算子只定义在它的线性闭包上. Gram 矩阵与框架算子具有自然的联系.

定义 2.7.4　令$\{\phi_j\}_{j=1}^M$是 H^N 的一个框架,分解算子为 T_Φ,则 Gram 矩阵 $G_\Phi:C^M\to C^M$ 定义为

$$G_\Phi(a_j)_{j=1}^M = T_\Phi T_\Phi^*(a_j)_{j=1}^M = \left(\sum_{j=1}^M a_j[\phi_j,\phi_k]\right)_{k=1}^M.$$

定理 2.7.1[13]　令$\{\phi_j\}_{j=1}^M$是 H^N 的一个框架,框架算子为 S_Φ,Gram 矩阵为 G_Φ,则 G_Φ 与 S_Φ 具有相同的非零特征值.

定义 2.7.5 若存在 H^N 的标准正交基 $\{e_i\}_{i=1}^N$ 和 H^M 的标准正交基 $\{\varepsilon_j\}_{j=1}^M$，使得

$$\psi_i = \sum_{j=1}^{M}[e_i,\phi_j]\varepsilon_j, \tag{2.7.3}$$

则称 $\{\phi_j\}_{j=1}^M$ 是 $\{\psi_i\}_{i=1}^N$ 的关于 $(e_i)_{i=1}^N$ 和 $(\varepsilon_j)_{j=1}^M$ 的 Riesz 对偶.

因为是在有限维空间中，所以以上定义不同于定义 2.2.1. 修改了内积中元素的顺序，并把两个空间的维数也做了限制，但它仍具有无限维中 Riesz 对偶的性质.

引理 2.7.1 集合 $\{\phi_j\}_{j=1}^M$ 是 $\{\psi_i\}_{i=1}^N$ 的关于 $(e_i)_{i=1}^N$ 和 $(\varepsilon_j)_{j=1}^M$ 的 Riesz 对偶当且仅当 $\phi_j = \sum_{i=1}^{N}[\varepsilon_j,\psi_i]e_i$.

证明：假设 $\psi_i = \sum_{j=1}^{M}[e_i,\phi_j]\varepsilon_j$，则有

$$\sum_{i=1}^{N}[\varepsilon_j,\psi_i]e_i = \sum_{i=1}^{N}\Big[\varepsilon_j,\sum_{k=1}^{M}[e_i,\phi_k]\varepsilon_k\Big]e_i = \sum_{i=1}^{N}[\phi_j,e_i]e_i = \phi_j.$$

必要性可类似证明.

定理 2.7.2 若 $\{\phi_j\}_{j=1}^M$ 是 $\{\psi_i\}_{i=1}^N$ 的关于 $\{e_i\}_{i=1}^N$ 和 $\{\varepsilon_j\}_{j=1}^M$ 的 Riesz 对偶，则 $\{\phi_j\}_{j=1}^M$ 是 H^N 的框架当且仅当 $\{\psi_i\}_{i=1}^N$ 是 H^M 的 Riesz 序列.

证明：假设 $\{\phi_j\}_{j=1}^M$ 是 H^N 的一个框架，则存在正常数 A 和 B 使得

$$A\|f\|^2 \leqslant \sum_{j=1}^{M}|(f,\phi_j)|^2 \leqslant B\|f\|^2,\quad f\in H^N. \tag{2.7.4}$$

对任意的 $\{c_i\}_{i=1}^N \in \mathbb{C}^N$，有

$$\begin{aligned}
\Big\|\sum_{i=1}^{N}c_i\psi_i\Big\|^2 &= \Big[\sum_{i=1}^{N}c_i\psi_i,\sum_{\ell=1}^{N}c_\ell\psi_\ell\Big] \\
&= \Big[\sum_{i=1}^{N}c_i\sum_{j=1}^{M}[e_i,\phi_j]\varepsilon_j,\sum_{\ell=1}^{N}c_\ell\sum_{m=1}^{M}[e_\ell,\phi_m]\varepsilon_m\Big] \\
&= \sum_{i=1}^{N}\sum_{\ell=1}^{N}c_i\bar{c}_\ell\sum_{j=1}^{M}[e_i,\phi_j][\phi_j,e_\ell] \\
&= \sum_{j=1}^{M}\Big|\Big[\sum_{i=1}^{N}c_ie_i,\phi_j\Big]\Big|^2.
\end{aligned}$$

在式(2.7.4)中取 $f = \sum_{i=1}^{N}c_ie_i$，则

$$A\sum_{i=1}^{N}|c_i|^2 \leqslant \Big\|\sum_{i=1}^{N}c_i\psi_i\Big\|^2 \leqslant B\sum_{i=1}^{N}|c_i|^2.$$

可类似证明必要性.

众所周知 $\{\psi_i\}_{i=1}^N$ 是一个 Riesz 序列当且仅当它是线性无关的，$\{\phi_j\}_{j=1}^M$

是一个框架当且仅当它在 H^N 中是完备的. 因此,有下列推论.

推论 2.7.1　集合$\{\psi_i\}_{i=1}^N$是 H^M 中一个线性无关的序列当且仅当$\{\phi_j\}_{j=1}^M$是 H^N 中的一个完备序列.

令$\{\phi_j\}_{j=1}^M$是 H^N 的一个框架,$\{\psi_i\}_{i=1}^N$是 H^M 的一个 Riesz 序列,$\{e_i\}_{i=1}^N$和 $\{\varepsilon_j\}_{j=1}^M$分别是 H^N 和 H^M 的标准正交基. 定义

$$n_j = \sum_{i=1}^N [\phi_j, e_i]\tilde{\psi}_i, \quad j = 1,2,\cdots,M, \tag{2.7.5}$$

其中,$\{\tilde{\psi}_i\}_{i=1}^N$是$\{\psi_i\}_{i=1}^N$的对偶,即$[\tilde{\psi}_i, \psi_j]=\delta_{i,j}$,则有

$$[n_j, \psi_i] = \left[\sum_{k=1}^N [\phi_j, e_k]\tilde{\psi}_k, \psi_i\right] = [\phi_j, e_i]. \tag{2.7.6}$$

引理 2.7.2　集合$\{\psi_i\}_{i=1}^N$和$\{n_j\}_{j=1}^M$的线性闭包是相同的.

证明: 因为 $n_j = \sum_{i=1}^N [\phi_j, e_i]\tilde{\psi}_i$,有

$$\overline{\text{span}}\{n_j\}_{j=1}^M \subseteq \overline{\text{span}}\{\tilde{\psi}_i\}_{i=1}^N = \overline{\text{span}}\{\psi_i\}_{i=1}^N.$$

又因为$\{\phi_j\}_{j=1}^M$是 H^N 的一个框架,所以存在一个序列$\{c_j\}_{j=1}^M \in \mathbb{C}^M$使得 $e_i = \sum_{j=1}^M c_j\phi_j$,从而得到

$$\begin{aligned}\tilde{\psi}_i &= \sum_{k=1}^N [e_i, e_k]\tilde{\psi}_k \\ &= \sum_{k=1}^N \left[\sum_{j=1}^M c_j\phi_j, e_k\right]\tilde{\psi}_k \\ &= \sum_{j=1}^M c_j \sum_{k=1}^N [\phi_j, e_k]\tilde{\psi}_k \\ &= \sum_{j=1}^M c_j n_j.\end{aligned}$$

因此有包含关系$\overline{\text{span}}\{\psi_i\}_{i=1}^N = \overline{\text{span}}\{\tilde{\psi}_i\}_{i=1}^N \subseteq \overline{\text{span}}\{n_j\}_{j=1}^M$. 引理证毕.

引理 2.7.3　令$\{\psi_i\}_{i=1}^N$是 H^M 的子空间 W 的一个 Riesz 基,$\{e_i\}_{i=1}^N$是 H^N 的一个标准正交基. 假设$\{\phi_j\}_{j=1}^M$是 H^N 中的一个集合,以下条件成立:

(1) H^M 中存在集合$\{h_j\}_{j=1}^M$使得

$$\phi_j = \sum_{i=1}^N [h_j, \psi_i]e_i. \tag{2.7.7}$$

(2) 满足式(2.7.7)的集合$\{h_j\}_{j=1}^M$具有以下形式:

$$h_j = m_j \oplus n_j,$$

其中,$m_j \in W^\perp$;$\oplus$表示正交和.

(3) 若$\{\psi_i\}_{i=1}^N$是 H^M 的一个 Riesz 基,则在式(2.7.7)中有

$$h_j = n_j.$$

证明:(1) 由式(2.7.6)知 $\phi_j = \sum_{i=1}^N [\phi_j, e_i] e_i = \sum_{i=1}^N [n_j, \psi_i] e_i$,所以可以取 $h_j = n_j$.

(2) 令$\{h_j\}_{j=1}^M$是 H^M 中满足式(2.7.7)的集合,定义 $m_j = h_j - n_j$,则有

$$\sum_{i=1}^N [m_j, \psi_i] e_i = \sum_{i=1}^N [h_j - n_j, \psi_i] e_i$$
$$= \sum_{i=1}^N [h_j, \psi_i] e_i - \sum_{i=1}^N [n_j, \psi_i] e_i = 0.$$

因此$[m_j, \psi_i] = 0$,这蕴含着 $m_j \in W^{\perp}$.

(3) 若$\{\psi_i\}_{i=1}^N$是 H^M 的 Riesz 基,则有 $M = N$ 且 $W = H^M$. 这说明 $m_j = 0$ 且 $h_j = n_j$.

在 $W \subset H^M$ 上定义框架算子 $S_{\tilde{\Psi}}$ 为 $S_{\tilde{\Psi}} f = \sum_{i=1}^N [f, \tilde{\psi}_i] \tilde{\psi}_i$,则 $S_{\tilde{\Psi}}^{-1/2} \tilde{\psi}_i$ 是 W 的一个标准正交基且 $\tilde{\psi}_i = S_{\Psi}^{-1} \psi_i$,记$\{\psi_i\}_{i=1}^N$ 的框架算子为 S_{Ψ},则有

$$S_{\tilde{\Psi}} f = \sum_{i=1}^N [f, S_{\Psi}^{-1} \psi_i] S_{\Psi}^{-1} \psi_i = S_{\Psi}^{-1} S_{\Psi} S_{\Psi}^{-1} f = S_{\Psi}^{-1} f,$$

这说明

$$S_{\tilde{\Psi}} = S_{\Psi}^{-1}. \tag{2.7.8}$$

为了简单起见,记标准正交基 $S_{\tilde{\Psi}}^{-1/2} \tilde{\psi}_i$ 为 η_i,则 $\tilde{\psi}_i$ 可以写为 $S_{\tilde{\Psi}}^{\frac{1}{2}} \eta_i$. 假设$\{e_i\}_{i=1}^N$是 H^N 的一个标准正交基,定义一个从 H^N 到 W 的等距算子 V,有

$$Vf = V\Big(\sum_{i=1}^N c_i e_i\Big) = \sum_{i=1}^N c_i \eta_i, \quad f = \sum_{i=1}^N c_i e_i \in H^N. \tag{2.7.9}$$

特别的,对所有的 $i = 1, \cdots, N$,有 $Ve_i = \eta_i$.

定理 2.7.3 在 H^N 中存在标准正交基$\{e_i\}_{i=1}^N$,使得$\{n_j\}_{j=1}^M$是 $W \subset H^M$ 的一个 Parseval 框架,当且仅当存在一个从 H^N 到 W 的等距算子 U 使得 S_{Ψ} 酉相似于 S_{Φ}:

$$S_{\Psi} = U S_{\Phi} U^*,$$

其中,S_{Φ} 是$\{\phi_j\}_{j=1}^M$的框架算子.

证明:对所有 $f \in H^N$,由 n_j 的定义知,

$$\sum_{j=1}^M |[f, n_j]|^2 = \sum_{j=1}^M \Big| \Big[f, \sum_{i=1}^N [\phi_j, e_i] \tilde{\psi}_i\Big] \Big|^2$$
$$= \sum_{j=1}^M \Big| \sum_{i=1}^N [e_i, \phi_j][f, \tilde{\psi}_i] \Big|^2.$$

再利用算子 V,得到

$$\sum_{j=1}^{M}|[f,n_j]|^2=\sum_{j=1}^{M}\sum_{i=1}^{N}\sum_{k=1}^{N}[e_i,\phi_j][f,S_{\tilde{\Psi}}^{\frac{1}{2}}Ve_i][\phi_j,e_k][S_{\tilde{\Psi}}^{\frac{1}{2}}Ve_k,f]$$
$$=\sum_{i=1}^{N}\sum_{k=1}^{N}[S_\Phi e_i,e_k][f,S_{\tilde{\Psi}}^{\frac{1}{2}}Ve_i][S_{\tilde{\Psi}}^{\frac{1}{2}}Ve_k,f].$$

又因为框架算子是正定的,所以

$$\sum_{j=1}^{M}|[f,n_j]|^2=\sum_{i=1}^{N}[V^*S_{\tilde{\Psi}}^{\frac{1}{2}}f,e_i]\sum_{k=1}^{N}[S_\Phi e_i,e_k][e_k,]V^*S_{\tilde{\Psi}}^{\frac{1}{2}}f$$
$$=\sum_{i=1}^{N}[V^*S_{\tilde{\Psi}}^{\frac{1}{2}}f,e_i][S_\Phi e_i,V^*S_{\tilde{\Psi}}^{\frac{1}{2}}f]$$
$$=[V^*S_{\tilde{\Psi}}^{\frac{1}{2}}f,S_\Phi V^*S_{\tilde{\Psi}}^{\frac{1}{2}}f]$$
$$=[S_{\tilde{\Psi}}^{\frac{1}{2}}VS_\Phi V^*S_{\tilde{\Psi}}^{\frac{1}{2}}f,f]. \tag{2.7.10}$$

假设$\{n_j\}_{j=1}^{M}$是一个 Parseval 框架,则对所有的 $f\in W$ 有

$$\sum_{j=1}^{M}|[f,n_j]|^2=\|f\|^2.$$

结合式(2.7.10),有

$$\sum_{j=1}^{M}|[f,n_j]|^2=[S_{\tilde{\Psi}}^{\frac{1}{2}}VS_\Phi V^*S_{\tilde{\Psi}}^{\frac{1}{2}}f,f]=[f,f].$$

因为 $S_{\tilde{\Psi}}^{\frac{1}{2}}VS_\Phi V^*S_{\tilde{\Psi}}^{\frac{1}{2}}$是一个线性算子,所以 $S_{\tilde{\Psi}}^{\frac{1}{2}}VS_\Phi V^*S_{\tilde{\Psi}}^{\frac{1}{2}}=I$. 结合式(2.7.8),得到 $VS_\Phi V^*=S_{\tilde{\Psi}}^{-1}=S_\Psi$ 和 $S_\Psi=VS_\Phi V^*$.

另外,假设存在一个线性等距算子 U 使得 $S_\Psi=US_\Phi U^*$. 定义 $e_i=U^*\eta_i=U^*S_{\tilde{\Psi}}^{-1/2}\tilde{\psi}_i$. 类似于式(2.7.10)的推导,有

$$\sum_{j=1}^{M}|[f,n_j]|^2=[S_{\tilde{\Psi}}^{\frac{1}{2}}VS_\Phi V^*S_{\tilde{\Psi}}^{\frac{1}{2}}f]f=\|f\|^2,$$

这说明$\{n_j\}_{j=1}^{M}$是 W 的一个 Parseval 框架.

为了得到最后的结论,首先介绍 Naimark 定理.

定理 2.7.4[13] **(Naimark 定理)**　令$\{n_j\}_{n=j}^{M}$是 $W\subset H^M$ 的一个框架,则下列条件等价.

(1) $\{n_j\}_{j=1}^{M}$是 W 的一个 Parseval 框架.

(2) 存在序列$(m_j)_{j=1}^{M}\in W^\perp$,使得$(n_j\oplus m_j)_{j=1}^{M}$是 H^M 的一个标准正交基.

应用 Naimark 定理,得到 Riesz 对偶的两个刻画. 一个使用序列$\{n_j\}_{j=1}^{M}$,另一个使用等距算子 U.

定理 2.7.5　令$\{\phi_j\}_{j=1}^{M}$是 H^N 的一个框架,$\{\psi_i\}_{i=1}^{N}$是 H^M 的一个 Riesz

序列，且 $\overline{\text{span}}\{\psi_i\}_{i=1}^N=W$，则下列两条件等价.

(1) $\{\psi_i\}_{i=1}^N$ 是 $\{\phi_j\}_{j=1}^M$ 的 Riesz 对偶.

(2) 存在 H^N 的标准正交基 $\{e_i\}_{i=1}^N$，使得式(2.7.5)中的 $\{n_j\}_{j=1}^M$ 是 W 的一个 Parseval 框架.

证明：(1)⇒(2). 假设 $\{\psi_i\}_{i=1}^N$ 是 $\{\phi_j\}_{j=1}^M$ 的 Riesz 对偶，则存在 H^N 的标准正交基 $\{e_i\}_{i=1}^N$ 和 H^M 的标准正交基 $\{\varepsilon_j\}_{j=1}^M$ 使得 $\psi_i=\sum\limits_{j=1}^M[e_i,\phi_j]\varepsilon_j$. 由引理 2.7.1，得到

$$n_j=\sum_{i=1}^N[\phi_j,e_i]\tilde{\psi}_i=\sum_{i=1}^N\Big[\sum_{k=1}^N[\varepsilon_j,\psi_k]e_k,e_i\Big]\tilde{\psi}_i=\sum_{i=1}^N[\varepsilon_j,\psi_i]\tilde{\psi}_i=P\varepsilon_j,$$

其中 P 是到 W 的正交投影. 这说明 $\{n_j\}_{j=1}^M$ 是 W 的一个 Parseval 框架.

(2)⇒(1). 假设 $\{n_j\}_{j=1}^M$ 是 W 的一个 Parseval 框架. 由 Naimark 定理，存在 $\varepsilon_j=n_j\oplus m_j$ 使得 $\phi_j=\sum\limits_{i=1}^N[\varepsilon_j,\psi_i]e_i$. 由引理 2.7.1，这说明 $\{\psi_i\}_{i=1}^N$ 是 $\{\phi_j\}_{j=1}^M$ 的 Riesz 对偶.

结合定理 2.7.3 和定理 2.7.5，得到下面的刻画.

定理 2.7.6 假设 $\{\phi_j\}_{j=1}^M$ 是 H^N 的一个框架，且 $\{\psi_i\}_{i=1}^N$ 是 H^M 中的一个 Riesz 序列，则 $\{\phi_j\}_{j=1}^M$ 是 $\{\psi_i\}_{i=1}^N$ 的 Riesz 对偶当且仅当 S_Ψ 酉相似于 S_Φ，即存在线性等距算子 U 使得 $S_\Psi=US_\Phi U^*$.

在定理 2.7.6 中，等距算子 U 取代了定理 2.5.3 中的 Λ. 这种不同并不是本质的，只是等距算子在泛函分析中更容易处理. 它的出现是因为对 $\{n_j\}_{j=1}^M$ 的定义与式(2.4.1)稍有不同. 另外，这里没有出现定理 2.5.3 中的维数条件(2)，这是因为在定义 Riesz 对偶时，已经事先规定了空间的维数. 由定理 2.7.6，也得到了谱刻画.

推论 2.7.2 假设 $\{\phi_j\}_{j=1}^M$ 是 H^N 的一个框架且 $\{\psi_i\}_{i=1}^N$ 是 H^M 的一个 Riesz 序列，则 $\{\phi_j\}_{j=1}^M$ 是 $\{\psi_i\}_{i=1}^N$ 的 Riesz 对偶当且仅当 S_Φ 与 S_Ψ 具有相同的特征值且重数也相同.

有时，不太容易知道框架算子 S_Φ 和 S_Ψ. 但在应用中，Gram 矩阵却是相对好求的. 因此，通过定理 2.7.1，可以把引理 2.7.2 改写成为下面的形式.

推论 2.7.3 假设 $\{\phi_j\}_{j=1}^M$ 是 H^N 的一个框架且 $\{\psi_i\}_{i=1}^N$ 是 H^M 的一个 Riesz 序列，则 $\{\phi_j\}_{j=1}^M$ 是 $\{\psi_i\}_{i=1}^N$ 的 Riesz 对偶当且仅当 G_Φ 与 G_Ψ 具有相同的特征值且重数也相同.

第 3 章　伪样条与框架

产生伪样条的方式有很多，其中样条是应用最广泛的一种. 自从伪样条的概念被 Selesnick 和 Daubechies 等人提出以来，它也成了构造框架与小波的一种重要工具. 本章主要介绍伪样条的性质、光滑化以及框架小波的构造.

3.1 样条

在数学上，样条是分段多项式. 它在很多领域有着广泛的应用. 在插值问题中，样条插值比多项式插值更受欢迎，因为它可以避免多项式逼近的龙格现象. 在计算机辅助设计和绘图中，样条因其简单的构造和良好的逼近效果而得到广泛应用.

介绍最简单的一元样条 $S(t)$，它是从区间 $[a,b]$ 到实数域 $\mathbb{R}$ 的一元函数. 把区间 $[a,b]$ 分化为 n 个子区间：

$$[a,b]=[t_0,t_1]\cup[t_1,t_2]\cup\cdots\cup[t_{k-2},t_{k-1}]\cup[t_{k-1},t_n],$$

其中

$$a=t_0\leqslant t_1\leqslant\cdots\leqslant t_{n-1}\leqslant t_n=b.$$

在每一个子区间上定义一个多项式 P_i，即

$$S(t)=P_i(t),\quad t_{i-1}\leqslant t<t_i,\ i=1,\cdots,n.$$

给定的 $n+1$ 个点 $t_i(0\leqslant i\leqslant n)$ 称为样条的节点. 向量 $(t_0,\cdots,t_n)$ 称为节点向量. B 样条是样条的一种. 对于给定的节点 $t_0<t_1<\cdots<t_n$，定义 B 样条函数为

$$B_{(t_0,\cdots,t_n)}(x):=(t_n-t_0)[t_0,\cdots,t_n](\cdot-x)_+^{n-1},$$

其中，差分算子为

$$[t_0,\cdots,t_n]f:=\frac{[t_1,\cdots,t_n]f-[t_0,\cdots,t_{n-1}]f}{t_n-t_0},\quad [t_0]f=f(t_0);$$

幂截算子为 $x_+^m:=\chi_{[0,\infty)}(x)x^m$. 若 $t_i=i$，则称其为基样条，并记 $N_d(x):=B_{(0,1,\cdots,d)}(x)$. 简单计算可以得到 $N_1(x)$ 是区间 $[0,1)$ 上的特征函数 $\chi_{[0,\infty)}(x)$.

对 $f\in L^1(\mathbb{R})\cap L^2(\mathbb{R})$，可定义 f 的 Fourier 变换为

$$\hat{f}(\xi)=\int_{\mathbb{R}}f(t)\mathrm{e}^{-it\xi}\mathrm{d}t.$$

Fourier 变换可扩展到整个 $L^2(\mathbb{R})$ 上，或者更大的空间 $S'(\mathbb{R})$ 上，其中 $S'(\mathbb{R})$ 表示速降函数空间 $S(\mathbb{R})$ 的对偶空间. 定义 $L^2(\mathbb{R})$ 中两个函数的卷积为 $f*g$，有

$$(f*g)(x)=\int_{\mathbb{R}}f(t)g(x-t)\mathrm{d}t.$$

由 Fourier 变换的定义可以得到

$$\widehat{f*g}=\hat{f}\cdot\hat{g}.$$

样条函数的另一种等价的定义方式为

$$N_d=N_{d-1}*N_1.$$

利用卷积和 Fourier 变换之间的关系，得到样条函数的 Fourier 变换

$$\widehat{N_d}(\xi)=(\widehat{N_1})^d(\xi)=\mathrm{e}^{-i\frac{d}{2}\xi}\left(\frac{\sin(\xi/2)}{\xi/2}\right)^d. \tag{3.1.1}$$

从而有

$$\widehat{N_d}(\xi)=\mathrm{e}^{-i\frac{d}{2}\xi}(\cos(\xi/2))^d\,\widehat{N_d}(\xi/2) \tag{3.1.2}$$

和微分性质

$$N'_{d+1}(x)=N_d(x)-N_d(x-1). \tag{3.1.3}$$

关于样条的更多内容可参阅文献[26,53].

3.2 伪样条的正则性

伪样条的概念是由 Daubechies 等人[24]和 Selesnick[54]为了构造具有良好逼近效果的框架小波而提出的. 伪样条具有紧支撑和细分性. 从而使得构造小波和框架小波具有更多的选择性. 伪样条扩展了 B 样条、插值函数、正交细分函数的概念. 自从伪样条的概念提出以来，许多学者对伪样条的各种性质和应用进行了研究[30,28,48,55,65,49,64]. 本节的内容主要来自文献[28].

令 $\phi(x)\in L^2(\mathbb{R})$，如果存在序列 $a\in\ell^2(\mathbb{Z})$ 满足细分方程

$$\phi(x)=2\sum_{k\in\mathbb{Z}}a(k)\phi(2x-k), \tag{3.2.1}$$

则称函数 $\phi(x)$ 是细分的，且称序列 a 是细分面具. 定义 a 的 Fourier 级数 $\hat{a}$ 为

$$\hat{a}(\xi):=\sum_{j\in\mathbb{Z}}a(j)\mathrm{e}^{-ij\xi},\quad \xi\in\mathbb{R},$$

从而细分方程(3.2.1)可以写为

$$\hat{\phi}(\xi)=\hat{a}(\xi/2)\hat{\phi}(\xi/2),\quad \xi\in\mathbb{R}.$$

为了方便，仍然称 $\hat{a}$ 为细分面具. 伪样条是通过它们的细分面具定义的. 给定非负整数 m,l，且 $l\leqslant m-1$，显然有

$$(\cos^2(\xi/2)+\sin^2(\xi/2))^{m+l}=1.$$

把上式做二项展开，只利用展开的前 $l+1$ 项的和来定义伪样条的细分面具. 定义阶数为(m,l)的Ⅰ型伪样条的细分面具${}_1\hat{a}(\xi)$为：

$$\begin{aligned}|{}_1\hat{a}(\xi)|^2 &:=|{}_1\hat{a}_{(m,l)}(\xi)|^2\\ &:=\cos^{2m}(\xi/2)\sum_{j=0}^{l}\binom{m+l}{j}\sin^{2j}(\xi/2)\cos^{2(l-j)}(\xi/2),\end{aligned}\qquad(3.2.2)$$

阶数为(m,l)的Ⅱ型伪样条的细分面具为

$$\begin{aligned}{}_2\hat{a}(\xi) &:={}_2\hat{a}_{(m,l)}(\xi)\\ &:=\cos^{2m}(\xi/2)\sum_{j=0}^{l}\binom{m+l}{j}\sin^{2j}(\xi/2)\cos^{2(l-j)}(\xi/2).\end{aligned}\qquad(3.2.3)$$

显然有${}_2\hat{a}(\xi)=|{}_1\hat{a}(\xi)|^2$，且${}_1\hat{a}(\xi)$可以通过 Fejér-Riesz 引理开平方得到[22]. 与细分面具对应的伪样条可以用 Fourier 变换定义为

$$_k\hat{\phi}(\xi):=\prod_{j=1}^{\infty}{}_k\hat{a}(2^{-j}\xi),\quad k=1,2.\qquad(3.2.4)$$

可以证明上式的无限乘积是收敛的，从而对上式取 Fourier 逆变换就可得到伪样条. 但在一般情况下，伪样条没有显式的解析表达式. 要想得到它的图像，可以利用 Cascade 算法[22]. 回顾式(3.1.1)和式(3.1.2)，通过比较细分面具知道，两种伪样条在阶数为$(m,0)$时均为 B 样条，阶数为$(m,m-1)$的Ⅰ型伪样条是具有平移正交性的细分函数[21]，阶数为$(m,m-1)$的Ⅱ型伪样条是插值细分函数[31].

假设 $\phi\in L^2(\mathbb{R})$，定义由它生成的平移不变子空间为

$$V_0(\phi):=\overline{\text{span}}\{\phi(x-k),k\in\mathbb{Z}\}.$$

如同第 1 章的定义，对任意的$\{c_i\}_{i\in\mathbb{N}}\in\ell^2(\mathbb{Z})$，若存在两个正常数 A 和 B 使得

$$A\sum_{i\in\mathbb{Z}}c_i^2\leqslant\left\|\sum_{i\in\mathbb{Z}}c_i\phi(x-i)\right\|_2^2\leqslant B\sum_{i\in\mathbb{Z}}c_i^2,\qquad(3.2.5)$$

则称集合$\{\phi(x-k),k\in\mathbb{Z}\}$是 $V_0(\phi)$的 Riesz 基.

多分辨率分析(MRA)方法是构造小波和框架小波的经典方法.

定义 3.2.1　函数空间 $L^2(\mathbb{R})$的一个多分辨率分析是它们中的一列闭子空间$(V_j)_{j\in\mathbb{N}}$，满足

(1) $V_j\subset V_{j+1},j\in\mathbb{Z}$；

(2) $f(x)\in V_j$ 当且仅当 $f(2x)\in V_{j+1}$；

(3) $\overline{\bigcup_{j\in\mathbb{Z}} V_j}=L^2(\mathbb{R})$且$\bigcap_{j\in\mathbb{Z}} V_j=\{0\}$；

(4) 存在函数 $\phi\in L^2(\mathbb{R})$使得$\{\phi(x-k),k\in\mathbb{Z}\}$形成 V_0 的一个 Riesz 基.

下面给出两个技术性的引理.

引理 3.2.1 给定非负整数 m,j,l,有

(1) 当 $j\geqslant 1$ 时，$\binom{m+1}{j}=\binom{m}{j}+\binom{m}{j-1}$ 且 $(j+1)\binom{m+j}{j+1}=(m+j)\binom{m-1+j}{j}$.

(2) 当 $m\geqslant 1$ 且 $1\leqslant l\leqslant m-1$ 时，$2(m+1)\sum_{j=0}^{l-1}\binom{m+l}{j}-l\sum_{j=0}^{l}\binom{m+l}{j}\geqslant 0$.

(3) 当 $m\geqslant 1$ 且 $0\leqslant l\leqslant m-1$ 时，$2^l\binom{m+l}{l}^{\frac{1}{2}}\leqslant\sum_{j=0}^{l}\binom{m+l}{j}$.

证明:(1)式可由二项式系数的定义直接得到. 对(2)式，因为 $m>l$，所以只需证明

$$(m+1)\sum_{j=0}^{l-1}\binom{m+l}{j}-l\binom{m+l}{l}\geqslant 0.$$

由等式$(m+1)\binom{m+l}{l-1}=l\binom{m+l}{l}$，可立即得到结论. 最后，通过对 m 进行归纳以证明(3)式. 当 $l=0$ 时，(3)式显然成立. 下面考虑 $1\leqslant l\leqslant m-1$ 时的情况. 若 $m=1$，则(3)式显然成立. 假设 $m=m_0$ 时，(3)式成立，即

$$2^{2l}\binom{m_0+l}{l}\leqslant\left(\sum_{j=0}^{l}\binom{m_0+l}{j}\right)^2,1\leqslant l\leqslant m_0-1.$$

接下来考虑 $m=m_0+1$ 的情况. 首先证明当 $1\leqslant l\leqslant m_0-1$ 时，(3)式成立. 根据假设有

$$2^{2l}\binom{m_0+l+1}{l}\leqslant\frac{m_0+l+1}{m_0+1}\left(\sum_{j=0}^{l}\binom{m_0+l}{j}\right)^2.$$

而上式右边等于

$$\left(\sum_{j=0}^{l}\binom{m_0+l}{j}+\left(\sqrt{\frac{m_0+l+1}{m_0+1}}-1\right)\sum_{j=0}^{l}\binom{m_0+l}{j}\right)^2.$$

对上式进行放大得

$$\left(\sum_{j=0}^{l}\binom{m_0+l}{j}+\frac{l}{2m_0+2}\sum_{j=0}^{l}\binom{m_0+l}{j}\right)^2.$$

再利用引理的(1)和(2)，有

$$2^{2l}\binom{m_0+l+1}{l}\leqslant\left(\sum_{j=0}^{l}\binom{m_0+l}{j}+\sum_{j=0}^{l-1}\binom{m_0+l}{j}\right)^2$$
$$=\left(\sum_{j=0}^{l}\binom{m_0+l+1}{j}\right)^2.$$

这说明了(3)式成立. 现在只剩 $l=m_0$ 时的情形. 这时需证明

$$2^{2m_0}\begin{bmatrix}2m_0+1\\m_0\end{bmatrix}\leqslant\left(\sum_{j=0}^{m_0}\binom{2m_0+1}{j}\right)^2.$$

注意到

$$\sum_{j=0}^{m_0}\binom{2m_0+1}{j}=\frac{1}{2}\sum_{j=0}^{2m_0+1}\binom{2m_0+1}{j}=2^{2m_0},$$

所以只需证明

$$\begin{bmatrix}2m_0+1\\m_0\end{bmatrix}\leqslant\sum_{j=0}^{m_0}\binom{2m_0+1}{j}.$$

上式显然成立,从而引理证毕.

定义两个常用的符号

$$P_{m,l}(y):=\sum_{j=0}^{l}\binom{m+l}{j}y^j(1-y)^{l-j} \tag{3.2.6}$$

和

$$R_{m,l}(y):=(1-y)^m P_{m,l}(y), \tag{3.2.7}$$

其中,m,l 是满足 $l\leqslant m-1$ 的非负整数且 $y=\sin^2(\xi/2)$,则显然有 $R_{m,l}(\sin^2(\xi/2))={}_2\hat{a}(\xi)$.

引理 3.2.2　令 m,l 是非负整数且 $l\leqslant m-1$,则 $R_{m,l}(y)$和 $P_{m,l}(y)$具有下述性质.

(1) $P_{m,l}(y)=\sum_{j=0}^{l}\binom{m-1+j}{j}y^j$;

(2) $R_{m,l}'(y)=-(m+l)\binom{m+l-1}{l}y^l(1-y)^{m-1}$;

(3) 定义 $Q(y):=R_{m,l}(y)+R_{m,l}(1-y)$,则

$$\min_{y\in[0,1]}Q(y)=Q\left(\frac{1}{2}\right)=2^{1-m-l}\sum_{j=0}^{l}\binom{m+l}{j}.$$

(4) 定义 $S(y):=R_{m,l}^2(y)+R_{m,l}^2(1-y)$,则

$$\min_{y\in[0,1]}S(y)=S\left(\frac{1}{2}\right)=2^{1-2m-2l}\left(\sum_{j=0}^{l}\binom{m+l}{j}\right)^2.$$

证明:固定 m,通过对 l 进行归纳来证明(1). 当 $l=0$ 时结论显然成立.

假设 $l=l_0$ 时(1)成立.考虑 $l=l_0+1$ 的情形：

$$P_{m,l}(y) = \sum_{j=0}^{l_0+1}\binom{m+l_0+1}{j}y^j(1-y)^{l_0-j+1}$$
$$= (1-y)^{l_0+1} + \sum_{j=1}^{l_0+1}\binom{m+l_0+1}{j}y^j(1-y)^{l_0-j+1}.$$

应用引理 3.2.1 的(1),得到

$$P_{m,l}(y) = (1-y)^{l_0+1} + \sum_{j=1}^{l_0+1}\binom{m+l_0}{j}y^j(1-y)^{l_0-j+1}$$
$$+ \sum_{j=0}^{l_0}\binom{m+l_0}{j}y^{j+1}(1-y)^{l_0-j}$$
$$= (1-y)P_{m,l_0}(y) + yP_{m,l_0}(y) + \binom{m+l_0}{l_0+1}y^{l_0+1}$$
$$= \sum_{j=0}^{l_0}\binom{m-1+j}{j}y^j + \binom{m+l_0}{l_0+1}y^{l_0+1}$$
$$= \sum_{j=0}^{l_0+1}\binom{m-1+j}{j}y^j.$$

固定 m,通过对 l 的归纳来证明(2).显然结论在 $l=0$ 时成立.假设 $l=l_0$ 时(2)成立,即

$$R_{m,l'_0+1}(y) = -(m+l_0)\binom{m+l_0-1}{l_0}y^{l_0}(1-y)^{m-1}.$$

现在考虑 $l=l_0+1\leqslant m-1$ 的情形.利用(1)和 $R_{m,l}(y)$ 的定义,有

$$R_{m,l_0+1}(y)=(1-y)^m P_{m,l_0+1}(y)$$
$$=(1-y)^m\left[P_{m,l_0}(y)+\binom{m+l_0}{l_0+1}y^{l_0+1}\right].$$

因为 $R_{m,l_0}(y)=(1-y)^m P_{m,l_0}(y)$,所以

$$R_{m,l_0+1}(y)=\binom{m+l_0}{l_0+1}y^{l_0+1}(1-y)^m+R_{m,l_0}(y).$$

从而有

$$R_{m,l_0+1'}(y)=(l_0+1)\binom{m+l_0}{l_0+1}y^{l_0}(1-y)^m$$
$$-m\binom{m+l_0}{l_0+1}y^{l_0+1}(1-y)^{m-1}$$
$$-(m+l_0)\binom{m+l_0-1}{l_0}y^{l_0}(1-y)^{m-1}.$$

把公因子 $y^{l_0}(1-y)^{m-1}$ 提出,可以得到

$$R_{m,l_0+1}{}'(y)=y^{l_0}(1-y)^{m-1}\left((l_0+1)\binom{m+l_0}{l_0+1}-(l_0+1)\binom{m+l_0}{l_0+1}y\right.$$

$$\left.-m\binom{m+l_0}{l_0+1}y-(m+l_0)\binom{m+l_0-1}{l_0}\right).$$

利用引理 3.2.1 中(1)的第二个等式,可以得到

$$R_{m,l_0+1}{}'(y)=-(m+l_0+1)\binom{m+l_0}{l_0+1}y^{l_0+1}(1-y)^{m-1}.$$

这样就证明了(2). 对于(3),计算 $Q'(y)$ 得到

$$Q'(y)=R_{m,l}{}'(y)+(R_{m,l}(1-y))'=R_{m,l}{}'(y)-R_{m,l}{}'(1-y).$$

应用(2),得到

$$Q'(y)=(m+l)\binom{m+l-1}{l}(y^{m-1}(1-y)^l-(1-y)^{m-1}y^l).$$

现在说明在 $\left[0,\frac{1}{2}\right]$ 上 $Q'(y)\leqslant 0$,在 $\left[\frac{1}{2},1\right]$ 上 $Q'(y)\geqslant 0$. 注意到对所有的 $y\in\left[0,\frac{1}{2}\right]$,有 $y^{m-l-1}\leqslant(1-y)^{m-l-1}$. 两边同时乘以 $y^l(1-y)^l$,得

$$y^{m-1}(1-y)^l\leqslant(1-y)^{m-1}y^l,\quad y\in\left[0,\frac{1}{2}\right].$$

类似的,有

$$y^{m-1}(1-y)^l\geqslant(1-y)^{m-1}y^l,\quad y\in\left[\frac{1}{2},1\right].$$

因此有

$$\begin{cases}Q'(y)\leqslant 0, & y\in\left[0,\frac{1}{2}\right],\\ Q'(y)\geqslant 0, & y\in\left[\frac{1}{2},1\right].\end{cases}$$

这说明 $Q(y)$ 在 $y=\frac{1}{2}$ 点取得最小值. 接下来求 $Q\left(\frac{1}{2}\right)$. 注意到 $Q\left(\frac{1}{2}\right)=2R_{m,l}\left(\frac{1}{2}\right)=2^{1-m}P_{m,l}\left(\frac{1}{2}\right)$. 所以由 $P_{m,l}(y)$ 的定义有

$$\min_{y\in[0,1]}Q(y)=Q\left(\frac{1}{2}\right)=2^{1-m}2^{-l}\sum_{j=0}^{l}\binom{m+l}{j}=2^{1-m-l}\sum_{j=0}^{l}\binom{m+l}{j}.$$

利用(3)来证明(4). 因为

$$S'(y)=2R_{m,l}(y)R_{m,l}{}'(y)+2R_{m,l}(1-y)(R_{m,l}(1-y))',$$

利用等式

$$R_{m,l}(y)=(1-y)^mP_{m,l}(y),$$

$$R_{m,l}'(y)=-(m+l)\binom{m+l-1}{l}y^{l}(1-y)^{m-1}$$

和

$$(R_{m,l}(1-y))'=(m+l)\binom{m+l-1}{l}y^{m-1}(1-y)^{l},$$

得到

$$\frac{S'(y)}{2(m+l)\binom{m+l-1}{l}}=\sum_{j=0}^{l}\binom{m-1+j}{j}.$$

$$((1-y)^{l+j}y^{2m-1}-y^{l+j}(1-y)^{2m-1}).$$

当 $0\leqslant j\leqslant l$ 且 $y\in\left[0,\frac{1}{2}\right]$时,有 $y^{2m-l-j-1}\leqslant(1-y)^{2m-l-j-1}$;当 $y\in\left[\frac{1}{2},1\right]$时,有 $y^{2m-l-j-1}\geqslant(1-y)^{2m-l-j-1}$. 通过与(3)类似的讨论,可得到:

$$\begin{cases}S'(y)\leqslant 0, & y\in\left[0,\frac{1}{2}\right],\\ S'(y)\geqslant 0, & y\in\left[\frac{1}{2},1\right].\end{cases}$$

从而有 $\min\limits_{y\in[0,1]}S(y)=S\left(\frac{1}{2}\right)$. 又因为 $R_{m,l}\left(\frac{1}{2}\right)=2^{-m-l}\sum\limits_{j=0}^{l}\binom{m+l}{j}$,所以

$$\min_{y\in[0,1]}S(y)=S\left(\frac{1}{2}\right)=2R_{m,l}^{2}\left(\frac{1}{2}\right)=2^{1-2m-2l}\left(\sum_{j=0}^{l}\binom{m+l}{j}\right)^{2}.$$

引理证毕.

接下来讨论伪样条的正则性. 令 $\alpha=n+\beta,n\in\mathbb{N},0\leqslant\beta<1$, Holder 空间 C^{α} 定义为 n 次连续可微且 n 阶导数 $f^{(n)}$ 满足条件

$$|f^{(n)}(x+h)-f^{(n)}(x)|\leqslant C|h|^{\beta}$$

的函数全体. 当 $f\in C^{\alpha}$ 时,有

$$\int_{\mathbb{R}}|\hat{f}(\xi)|(1+|\xi|)^{\alpha}<\infty.$$

特别的,若存在 $\varepsilon>0$ 使得 $|\hat{f}(\xi)|\leqslant C(1+|\xi|)^{-1-\alpha-\varepsilon}$ 成立,则 $f\in C^{\alpha}$. 将通过估计伪样条 Fourier 变换的衰减性得到伪样条正则性的下界.

若 ϕ 是 $L^{2}(\mathbb{R})$中的满足 $\hat{\phi}(0)=1$ 的紧支撑细分函数,则它的细分面具 a 一定满足 $\hat{a}(0)=1$ 和 $\hat{a}(\pi)=0$. 从而 $\hat{a}(\xi)$可以分解为

$$\hat{a}(\xi)=\left(\frac{1+e^{-i\xi}}{2}\right)^{n}\mathcal{L}(\xi),$$

其中,n 是 $\hat{a}$ 在 π 点处零点的最大阶数,$\mathcal{L}(\xi)$是满足$\mathcal{L}(0)=1$ 的三角多项式. 所以有

$$
\begin{aligned}
\hat{\phi}(\xi) &= \prod_{j=1}^{\infty} \hat{a}(2^{-j}\xi) \\
&= \prod_{j=1}^{\infty} \left(\frac{1+\mathrm{e}^{-i(2^{-j}\xi)}}{2}\right)^n \prod_{j=1}^{\infty} \mathcal{L}(2^{-j}\xi) \\
&= \left(\frac{1-\mathrm{e}^{-i\xi}}{i\xi}\right)^n \prod_{j=1}^{\infty} \mathcal{L}(2^{-j}\xi).
\end{aligned}
$$

函数$|\hat{\phi}|$的正则性可以由$|\hat{a}(\xi)|$刻画如下.

定理 3.2.1　令 a 是细分函数 ϕ 的细分面具且具有形式

$$|\hat{a}(\xi)| = \cos^n(\xi/2)|\mathcal{L}(\xi)|,\quad \xi\in[-\pi,\pi].$$

假设

$$\mathcal{L}(\xi)| \leqslant \left|\mathcal{L}\left(\frac{2\pi}{3}\right)\right|,\quad |\xi| \leqslant \frac{2\pi}{3},$$

$$|\mathcal{L}(\xi)\mathcal{L}(2\xi)| \leqslant \left|\mathcal{L}\left(\frac{2\pi}{3}\right)\right|^2,\quad \frac{2\pi}{3} \leqslant |\xi| \leqslant \pi, \tag{3.2.8}$$

则$|\hat{\phi}(\xi)| \leqslant C(1+|\xi|)^{-n+\kappa}$,其中 $\kappa = \log\left(\left|\mathcal{L}\left(\frac{2\pi}{3}\right)\right|\right)/\log 2$,并且这种衰减是最优的.

因为$|{}_1\hat{\phi}|^2 = |{}_2\hat{\phi}|$,所以$|{}_1\hat{\phi}|$的衰减速度是$|{}_2\hat{\phi}|$的一半. 因此只需分析Ⅱ型伪样条的 Fourier 变换的衰减速度. 利用引理 3.2.2 的(1),可以证明在式(3.2.6)中定义的 $P_{m,l}(y)$满足式(3.2.8). 这将可以估计伪样条的正则性.

引理 3.2.3　令 $P_{m,l}(y)$如式(3.2.6)中定义,其中 m,l 是非负整数且 $l \leqslant m-1$,则

$$P_{m,l}(y) \leqslant P_{m,l}\left(\frac{3}{4}\right),\quad y\in\left[0,\frac{3}{4}\right],$$

$$P_{m,l}(y)P_{m,l}(4y(1-y)) \leqslant \left(P_{m,l}\left(\frac{3}{4}\right)\right)^2,\quad y\in\left[\frac{3}{4},1\right].$$

引理的证明在此省略,有兴趣的读者可参阅文献[30].

定理 3.2.2　令${}_2\phi$ 是阶数为(m,l)的Ⅱ型伪样条,则

$$|{}_2\hat{\phi}(\xi)| \leqslant C(1+|\xi|)^{-2m+\kappa},$$

其中,$\kappa = \log\left(P_{m,l}\left(\frac{3}{4}\right)\right)/\log 2$. 因此${}_2\phi \in C^{\alpha_2-\varepsilon}$,其中 $\alpha_2 = 2m-\kappa-1$ 且 $\varepsilon>0$.

进一步,令${}_1\phi$ 是阶数为(m,l)的Ⅰ型伪样条,则

$$|{}_1\hat{\phi}(\xi)| \leqslant C(1+|\xi|)^{-m+\frac{\kappa}{2}}.$$

因此${}_1\phi \in C^{\alpha-\varepsilon}$,其中 $\alpha_1 = m-\frac{\kappa}{2}-1$.

证明:因为

$$P_{m,l}(\sin^2(\xi)) = \sum_{j=0}^{l}\binom{m+l}{j}\sin^{2j}(\xi/2)\cos^{2(l-j)}(\xi/2),$$

所以阶数为(m,l)的Ⅱ型伪样条的细分面具为

$$\begin{aligned}{}_2\hat{a}(\xi) &= \cos^{2m}(\xi/2)\sum_{j=0}^{l}\binom{m+l}{j}\sin^{2j}(\xi/2)\cos^{2(l-j)}(\xi/2)\\ &= (\cos(\xi/2))^{2m}P_{m,l}(\sin^2(\xi/2)).\end{aligned}$$

因此,$P_{m,l}(\sin^2(\xi/2))$就是定理 3.2.1 中的$|\mathcal{L}(\xi)|$. 令 $y=\sin^2(\xi/2)$,应用引理 3.2.3,当$|\xi|\leqslant\frac{2\pi}{3}$时,

$$|\mathcal{L}(\xi)|=P_{m,l}(\sin^2(\xi/2))=P_{m,l}(y)\leqslant P_{m,l}\left(\frac{3}{4}\right)=P_{m,l}\left(\sin^2\left(\frac{\pi}{3}\right)\right).$$

注意到$|\mathcal{L}(2\xi)|=P_{m,l}(\sin^2(\xi))=P_{m,l}(4y(1-y))$. 应用引理 3.2.3 知,当$\frac{2\pi}{3}\leqslant|\xi|\leqslant\pi$ 时,有

$$\begin{aligned}|\mathcal{L}(\xi)\mathcal{L}(2\xi)| &= P_{m,l}(\sin^2(\xi/2))P_{m,l}(4\sin^2(\xi/2)(1-\sin^2(\xi/2)))\\ &= P_{m,l}(y)P_{m,l}(4y(1-y))\\ &\leqslant\left(P_{m,l}\left(\frac{3}{4}\right)\right)^2=\left(P_{m,l}\left(\sin^2\left(\frac{\pi}{3}\right)\right)\right)^2.\end{aligned}$$

因此,由定理 3.2.1 知,函数${}_2\hat{\phi}$ 满足

$$|{}_2\hat{\phi}(\xi)|\leqslant C(1+|\xi|)^{-2m+\kappa},$$

其中,$\kappa=\log\left(P_{m,l}\left(\frac{3}{4}\right)\right)/\log 2$. 这说明${}_2\phi\in C^{\alpha_2-\varepsilon}$,其中 $\alpha_2=2m-\kappa-1$. 因为$|{}_1\hat{\phi}|$ 的衰减是$|{}_2\hat{\phi}|$的一半,所以得到

$$|{}_1\hat{\phi}(\xi)|\leqslant C(1+|\xi|)^{-m+\frac{\kappa}{2}}.$$

因此${}_1\phi\in C^{\alpha_1-\varepsilon}$,其中 $\alpha_1=m-\frac{\kappa}{2}-1$.

3.3 框架小波

本节讨论由伪样条通过 UEP 方法[50] 构造的框架小波. Bin Dong 和 Zuowei Shen 指出,在几乎所有的伪样条紧框架小波系里,有一个框架小波的平移和伸缩已经构成$L^2(\mathbb{R})$的 Riesz 基[30].

给定函数 ψ,定义小波系为

$$X(\psi):=\{\psi_{n,k}=2^{n/2}\psi(2^n\cdot(-k)):n,k\in\mathbb{Z}\}.$$

如果存在常数 $C_1>0$ 使得

$$\sum_{g\in X(\psi)} |<f,g>|^2 \leqslant C_1 \|f\|^2_{L^2(\mathbb{R})}, \quad f\in L^2(\mathbb{R})$$

成立，则称 $X(\psi)$ 是一个 Bessel 系. 如果 $X(\psi)$ 是一个 Bessel 系且存在 $C_2>0$，使得

$$C_2 \|\{c_{n,k}\}\|_{\ell^2(\mathbb{Z}^2)} \leqslant \left\| \sum_{(n,k)\in\mathbb{Z}^2} c_{n,k}\psi_{n,k} \right\|_{L^2(\mathbb{R})}, \quad \{c_{n,k}\}\in \ell^2(\mathbb{Z}^2),$$

且 $\overline{\mathrm{span}}\{\psi_{n,k}: n,k\in\mathbb{Z}\}=L_2(\mathbb{R})$ 成立，则称 $X(\psi)$ 是一个 Riesz 基. 若 $X(\psi)$ 形成了 $L^2(\mathbb{R})$ 的一个 Riesz 基，则称函数 ψ 为 Riesz 小波并称 $X(\psi)$ 是 Riesz 小波基. 定义 $V_n=\overline{\mathrm{span}}\{\phi_{n,k}, n,k\in\mathbb{Z}\}$，则无论 ϕ 是 Ⅰ 型伪样条还是 Ⅱ 型伪样条，$\{V_n\}_{n\in\mathbb{Z}}$ 都形成一个 MRA. 因为目的是构造 Riesz 小波，所以需要稳定的细分函数. 事实上，伪样条不但是稳定的而且是线性无关的[29].

给定细分函数 $\phi\in L^2(\mathbb{R})$，构造 Riesz 小波的关键是选择合适的小波面具 b. 然后就可以用 b 和相应的细分函数 ϕ 来构造小波 ψ，即

$$\psi(x):=2\sum_{k\in\mathbb{Z}} b(k)\phi(2x-k).$$

上式在 Fourier 域的等价形式为

$$\hat{\psi}(\xi)=\hat{b}(\xi/2)\hat{\phi}(\xi/2).$$

若 ϕ 是阶数为 $(m,m-1)$ 的 Ⅰ 型伪样条，则 $\{\phi(x-k): k\in\mathbb{Z}\}$ 形成 $V_0(\phi)$ 的一个标准正交基. 定义

$$\psi(x):=2\sum_{k\in\mathbb{Z}} b(k)\phi(2x-k), \tag{3.3.1}$$

其中，$b(k)=(-1)^{k-1}\overline{a(1-k)}, k\in\mathbb{Z}$，或等价的 $\hat{b}(\xi)=\mathrm{e}^{-i\xi}\overline{\hat{a}(\xi+\pi)}$，则相应的小波系 $X(\psi)$ 形成 $L^2(\mathbb{R})$ 的标准正交基. 当 ϕ 是其他阶数的伪样条时，按式(3.3.1)定义的小波系是不是 Riesz 小波呢？为了解决此问题，需要下面的定理，它是文献[40]中定理 2.1 的特殊情形.

定理 3.3.1　令 a 是细分函数 $\phi\in L^2(\mathbb{R})$ 的具有有限支撑的细分面具，并有 $\hat{a}(0)=1$ 和 $\hat{a}(\pi)=0$，且 $\hat{a}$ 可以分解为

$$|\hat{a}(\xi)|=\left|\left(\frac{1+\mathrm{e}^{-i\xi}}{2}\right)^n \mathcal{L}(\xi)\right|=\cos^n(\xi/2)|\mathcal{L}(\xi)|, \quad \xi\in[-\pi,\pi], \tag{3.3.2}$$

其中，$\mathcal{L}$ 是一个有限支撑序列的 Fourier 级数且 $\mathcal{L}(\pi)\neq 0$. 假设

$$|\hat{a}(\xi)|^2+|\hat{a}(\xi+\pi)|^2\neq 0, \quad \xi\in[-\pi,\pi].$$

定义

$$\hat{\psi}(2\xi):=\mathrm{e}^{-i\xi}\overline{\hat{a}(\xi+\pi)}\hat{\phi}(\xi),$$

且

$$\widetilde{\mathcal{L}}(\xi):=\frac{\mathcal{L}(\xi)}{|\hat{a}(\xi)|^2+|\hat{a}(\xi+\pi)|^2}. \tag{3.3.3}$$

若

$$\rho_{\mathcal{L}}:=\|\mathcal{L}(\xi)\|_{L^\infty(\mathbb{R})}<2^{n\frac{1}{2}}\text{ 且 }\rho_{\widetilde{\mathcal{L}}}:=\|\widetilde{\mathcal{L}}(\xi)\|_{L^\infty(\mathbb{R})}<2^{n-\frac{1}{2}}, \tag{3.3.4}$$

则 $X(\psi)$ 是 $L^2(\mathbb{R})$ 的 Riesz 基.

应用上面定理的关键是估计 $|\mathcal{L}(\xi)|$ 和 $|\widetilde{\mathcal{L}}(\xi)|$ 的上界. 由伪样条细分面具的定义,式(3.3.2)定义的Ⅰ型伪样条对应的 $\mathcal{L}$ 为

$$|_1\mathcal{L}(\xi)|=\left(\sum_{j=0}^{l}\binom{m+l}{j}\sin^{2j}(\xi/2)\cos^{2(l-j)}(\xi/2)\right)^{\frac{1}{2}},$$

Ⅱ型伪样条对应的 $\mathcal{L}$ 为

$$|_2\mathcal{L}(\xi)|=\sum_{j=0}^{l}\binom{m+l}{j}\sin^{2j}(\xi/2)\cos^{2(l-j)}(\xi/2).$$

令 $y=\sin^2(\xi/2)$,有

$$|_1\hat{a}|=((1-y)^m P_{m,l}(y))^{\frac{1}{2}},\quad {}_2\hat{a}=(1-y)^m P_{m,l}(y), \tag{3.3.5}$$

和

$$|_1\mathcal{L}|=(P_{m,l}(y))^{\frac{1}{2}},\quad |_2\mathcal{L}|=P_{m,l}(y). \tag{3.3.6}$$

进一步,得到

$$|_1\hat{a}(\xi)|^2+|_1\hat{a}(\xi+\pi)|^2=R_{m,l}(y)+R_{m,l}(1-y)$$

和

$$|_2\hat{a}(\xi)|^2+|_2\hat{a}(\xi+\pi)|^2=R_{m,l}^2(y)+R_{m,l}^2(1-y).$$

因此

$$|_1\widetilde{\mathcal{L}}|=\frac{(P_{m,l}(y))^{\frac{1}{2}}}{P_{m,l}(y)+R_{m,l}(1-y)}\text{且}|_2\widetilde{\mathcal{L}}|=\frac{P_{m,l}(y)}{P_{m,l}^2(y)+R_{m,l}^2(1-y)}. \tag{3.3.7}$$

从而可以由下面的定理估计 $\|_1\widetilde{\mathcal{L}}\|_{L^\infty(\mathbb{R})}$ 和 $\|_2\widetilde{\mathcal{L}}\|_{L^\infty(\mathbb{R})}$ 的上界.

定理 3.3.2 令 m 和 l 是给定的非负整数且 $l\leqslant m-1$,则

(1) $\|_1\widetilde{\mathcal{L}}\|_{L^\infty(\mathbb{R})}=\sup\limits_{y\in[0,1]}\dfrac{(P_{m,l}(y))^{\frac{1}{2}}}{R_{m,l}(y)+R_{m,l}(1-y)}<2^{m-\frac{1}{2}}$.

(2) $\|_2\widetilde{\mathcal{L}}\|_{L^\infty(\mathbb{R})}=\sup\limits_{y\in[0,1]}\dfrac{P_{m,l}(y)}{R_{m,l}^2(y)+R_{m,l}^2(1-y)}<2^{2m-\frac{1}{2}}$.

证明:由引理 3.2.2 的(1)知,当 $y\in[0,1]$ 时,有

$$P_{m,l}(y)=\sum_{j=0}^{l}\binom{m+l}{j}y^j(1-y)^{l-j}=\sum_{j=0}^{l}\binom{m-1+j}{j}y^j. \tag{3.3.8}$$

所以$(P_{m,l}(y))^{\frac{1}{2}}$和 $P_{m,l}(y)$在区间[0,1]的最大值在 $y=1$ 时取得，且最大值为

$$(P_{m,l}(1))^{\frac{1}{2}}=\binom{m+l}{l}^{\frac{1}{2}},\quad P_{m,l}(1)=\binom{m+l}{l}.$$

再由引理 3.2.2 的(3)得到

$$\begin{aligned}\|{}_1\widetilde{\mathcal{L}}\|_{L^\infty(\mathbb{R})}&=\sup_{y\in[0,1]}\frac{(P_{m,l}(y))^{\frac{1}{2}}}{R_{m,l}(y)+R_{m,l}(1-y)}\\&\leqslant\binom{m+l}{l}^{\frac{1}{2}}\max_{y\in[0,1]}\frac{1}{R_{m,l}(y)+R_{m,l}(1-y)}\\&\leqslant\frac{2^{m+l-1}\binom{m+l}{l}^{\frac{1}{2}}}{\sum_{j=0}^{l}\binom{m+l}{j}}.\end{aligned}$$

应用引理 3.2.1 的(3)，我们得到

$$\|{}_1\widetilde{\mathcal{L}}\|_{L^\infty(\mathbb{R})}\leqslant 2^{m-1}<2^{m-\frac{1}{2}}.$$

(2)的证明类似于(1). 事实上，由引理 3.2.2 的(4)可得

$$\begin{aligned}\|{}_2\widetilde{\mathcal{L}}\|_{L^\infty(\mathbb{R})}&=\sup_{y\in[0,1]}\frac{P_{m,l}(y)}{R_{m,l}^2(y)+R_{m,l}^2(1-y)}\\&\leqslant\binom{m+l}{l}\max_{y\in[0,1]}\frac{1}{R_{m,l}^2(y)+R_{m,l}^2(1-y)}\\&=\frac{2^{2m+2l-1}\binom{m+l}{l}}{\left(\sum_{j=0}^{l}\binom{m+l}{j}\right)^2}.\end{aligned}$$

再次利用引理 3.2.1 的(3)，得到

$$\|{}_2\widetilde{\mathcal{L}}\|_{L^\infty(\mathbb{R})}\leqslant 2^{2m-1}<2^{2m-\frac{1}{2}}.$$

定理证毕.

定理 3.3.3　令${}_k\phi(k=1,2)$是阶数为(m,l)的Ⅰ、Ⅱ型伪样条. 定义

$${}_k\hat{\psi}(2\xi):=\mathrm{e}^{-i\xi}\overline{{}_k\hat{a}(\xi+\pi)}\,{}_k\hat{\phi}(\xi),\quad k=1,2,$$

则 $X({}_k\psi)$形成 $L^2(\mathbb{R})$的 Riesz 基.

证明：只需检查是否满足定理 3.3.1 的条件即可. 首先，当 $\xi\in[-\pi,\pi]$ 时，有

$$|{}_1\hat{a}(\xi)|^2+|{}_1\hat{a}(\xi+\pi)|^2=R_{m,l}(\sin^2(\xi/2))+R_{m,l}(\cos^2(\xi/2))\neq 0$$

和

$$|{}_2\hat{a}(\xi)|^2+|{}_2\hat{a}(\xi+\pi)|^2=R_{m,l}^2(\sin^2(\xi/2))+R_{m,l}^2(\cos^2(\xi/2))\neq 0.$$

其次，只需验证以下两式成立：

$$\rho_{1,\mathcal{L}}=\|{}_1\mathcal{L}\|_{L^\infty(\mathbb{R})}<2^{m-\frac{1}{2}},\quad \rho_{2,\mathcal{L}}=\|{}_2\mathcal{L}\|_{L^\infty(\mathbb{R})}<2^{2m-\frac{1}{2}},\tag{3.3.9}$$

$$\rho_{1,\widetilde{\mathcal{L}}}=\|{}_1\widetilde{\mathcal{L}}\|_{L^\infty(\mathbb{R})}<2^{m-\frac{1}{2}},\quad \rho_{2,\widetilde{\mathcal{L}}}=\|{}_2\widetilde{\mathcal{L}}\|_{L^\infty(\mathbb{R})}<2^{2m-\frac{1}{2}}.\tag{3.3.10}$$

不等式(3.3.10)是定理 3.3.2 的直接结论. 对于(3.3.9)，当 $\xi\in\mathbb{R}$ 时，

$$|{}_k\hat{a}(\xi)|^2+|{}_k\hat{a}(\xi+\pi)|^2\leqslant 1,\quad k=1,2.$$

因此有 $|{}_k\mathcal{L}(\xi)|\leqslant|{}_k\widetilde{\mathcal{L}}(\xi)|$. 定理证毕.

3.4 伪样条的光滑化

本节将对伪样条进行光滑处理，以得到一类具有良好性质的细分函数. 光滑化的方法主要是利用卷积方法. 令 $\phi_{m,\ell}$ 是(m,l)阶的Ⅰ型或Ⅱ型伪样条. 定义光滑化后的伪样条为

$$\phi_{n,m,\ell}=\phi_{m,\ell}*\underbrace{\chi_{[-\frac{1}{2},\frac{1}{2}]}*\cdots*\chi_{[-\frac{1}{2},\frac{1}{2}]}}_{n-m},$$

其中，$\chi_{[-\frac{1}{2},\frac{1}{2}]}$表示区间$\left[-\frac{1}{2},\frac{1}{2}\right]$上的特征函数且 $n\geqslant m$. 在频率域中，这等价于

$$\hat{\phi}_{n,m,\ell}(\xi)=\hat{\phi}_{m,\ell}(\xi)\left(\frac{\sin(\xi/2)}{\xi/2}\right)^{n-m}.$$

从而 $\phi_{n,m,\ell}$的细分面具为

$$\hat{a}_{n,m,\ell}(\xi)=\hat{\phi}_{n,m,\ell}(2\xi)/\hat{\phi}_{n,m,\ell}(\xi)=\hat{a}_{m,\ell}(\xi)(\cos(\xi/2))^{n-m}.$$

下面通过细分面具定义光滑后的伪样条. 定义Ⅰ型的细分面具${}_1\hat{a}_{n,m,\ell}$为

$$|{}_1\hat{a}_{n,m,\ell}|^2:=\cos^{2n}(\xi/2)\sum_{j=0}^{\ell}\binom{m+\ell}{j}\sin^{2j}(\xi/2)\cos^{2(\ell-j)}(\xi/2),\tag{3.4.1}$$

Ⅱ型的细分面具${}_2\hat{a}_{r,m,\ell}$为

$${}_2\hat{a}_{r,m,\ell}:=\cos^{r}(\xi/2)\sum_{j=0}^{\ell}\binom{m+\ell}{j}\sin^{2j}(\xi/2)\cos^{2(\ell-j)}(\xi/2),$$

其中，$r\geqslant 2m$. 与细分面具对应的光滑后的伪样条(SPS)可以用 Fourier 变换定义为

$${}_k\hat{\phi}_{r,m,l}(\xi):=\prod_{j=1}^{\infty}{}_k\hat{a}_{r,m,l}(2^{-j}\xi),\quad k=1,2.\tag{3.4.2}$$

可以证明上式的无限乘积是收敛的，当 $n=m$ 时，${}_1\hat{\phi}_{n,m,l}(\xi)$ 是Ⅰ型的伪样条. 当 $r=2m$ 时，${}_2\hat{\phi}_{r,m,l}(\xi)$ 是Ⅱ型的伪样条. 当 $n\neq m$ 或 $r\neq 2m$ 时，${}_k\hat{\phi}_{n,m,l}(\xi)$ 可以看成是伪样条的推广. 通过 Fourier 变换，定义平移后的Ⅱ型 SPS 为

$$ {}_T\hat{\phi}_{r,m,\ell}(\xi):=\mathrm{e}_2^{-ir\frac{\xi}{2}}\hat{\phi}_{r,m,\ell}(\xi). $$

从而可得到微分关系：

$$ {}_T\phi'_{r+1,m,\ell}(x)={}_T\phi_{r,m,\ell}(x)-{}_T\phi_{r,m,\ell}(x-1). \tag{3.4.3} $$

这样就保持了与 B 样条的性质(3.1.3)一致.

人们可能认为通过与 B 样条卷积来光滑伪样条是不必要的，因为总是可以通过增大 m 使得伪样条更光滑. 然而这样的话，并不能得到微分关系(3.4.3)，而它对不可压缩湍流分析中的散度自由小波和旋度自由小波的构造是很重要的[27,18].

与定义 3.4.1 类似，可以通过细分面具定义光滑化的对偶伪样条. 定义细分面具 $\hat{b}_{n,m,\ell}(\xi)$ 为

$$ \mathrm{e}^{i\xi/2}\cos^{2n+1}(\xi/2)\sum_{j=0}^{\ell}\binom{m+1/2+\ell}{j}\sin^{2j}(\xi/2)\cos^{2(\ell-j)}(\xi/2). \tag{3.4.4} $$

它可以看成是对偶伪样条[28]的推广，且可以得到相应的小波. 此外，在式(3.4.1)和式(3.4.4)中，可以令 n 取有理数，即 $n\in\mathbb{Q}$，所得函数就成为分数阶样条[59]的推广[16].

假设 r,m,ℓ 是非负整数且 $r\geqslant 2m$. 令 $y=\sin^2(\xi/2)$，仍定义 $P_{m,\ell}(y):=\sum_{j=0}^{\ell}\binom{m+\ell}{j}y^j(1-y)^{\ell-j}$，$R_{m,\ell}(y):=(1-y)^m P_{m,\ell}(y)$. 另外，定义 $R_{r,m,\ell}(y)=(1-y)^{\frac{r}{2}}P_{m,\ell}(y)$，则可以得到

$$ P_{m,\ell}(\sin^2(\xi/2))={}_2\hat{a}_{m,\ell}(\xi) \text{ 且 } P_{r,m,\ell}(\sin^2(\xi/2))={}_2\hat{a}_{r,m,\ell}(\xi) $$

对上述 $R_{r,m,\ell}(y)$，有下面的结论.

引理 3.4.1　假设 r,m 和 ℓ 是非负整数，

(1) 令 $Q(y):=R_{r,m,\ell}(y)+R_{r,m,\ell}(1-y)$，则

$$ \min_{y\in[0,1]}Q(y)=Q\left(\frac{1}{2}\right)=2^{1-\frac{r}{2}-\ell}\sum_{j=0}^{\ell}\binom{m+\ell}{j}. $$

(2) 令 $S(y):=R^2_{r,m,\ell}(y)+R^2_{r,m,\ell}(1-y)$，则

$$ \min_{y\in[0,1]}S(y)=S\left(\frac{1}{2}\right)=2^{1-r-2\ell}\left(\sum_{j=0}^{\ell}\binom{m+\ell}{j}\right)^2. $$

证明：因为 $R_{r,m,\ell}(y)=(1-y)^{\frac{r}{2}-m}R_{m,\ell}(y)$，所以它的导数为

$$ R'_{r,m,\ell}(y)=-\left(\frac{r}{2}-m\right)(1-y)^{\frac{r}{2}-m-1}R_{m,\ell}(y)+(1-y)^{\frac{r}{2}-m}R'_{m,\ell}(y). $$

从而得到 $Q(y)$ 的导数为 $Q'(y)=R'_{r,m,\ell}(y)+R'_{r,m,\ell}(1-y)=\mathrm{I}+\mathrm{II}$，其中

$$\mathrm{I}=\left(\frac{r}{2}-m\right)y^{\frac{r}{2}-m-1}R_{m,\ell}(1-y)-\left(\frac{r}{2}-m\right)(1-y)^{\frac{r}{2}-m-1}R_{m,\ell}(y),$$

且

$$\mathrm{II}=(1-y)^{\frac{r}{2}-m}R'_{m,\ell}(y)-y^{\frac{r}{2}-m}R'_{m,\ell}(1-y).$$

下面分别计算这两部分. 对于 I，利用引理 3.2.2 的(1)，得到

$$\mathrm{I}=\left(\frac{r}{2}-m\right)\sum_{j=0}^{\ell}\binom{m-1+j}{j}\left[y^{\frac{r}{2}-1}(1-y)^{j}-y^{j}(1-y)^{\frac{r}{2}-1}\right].$$

对于 II，利用引理 3.2.2 的(2)，得到

$$\mathrm{II}=(m+\ell)\binom{m+\ell-1}{\ell}\left[y^{\frac{r}{2}-1}(1-y)^{\ell}-(1-y)^{\frac{r}{2}-1}y^{\ell}\right].$$

对 $j=0,\cdots,\ell$，当 $y\in\left[0,\frac{1}{2}\right]$ 时，有 $y^{\frac{r}{2}-1}(1-y)^{j}\leqslant(1-y)^{\frac{r}{2}-1}y^{j}$；当 $y\in\left[\frac{1}{2},1\right]$ 时，有 $y^{\frac{r}{2}-1}(1-y)^{j}\geqslant(1-y)^{\frac{r}{2}-1}y^{j}$，所以导数

$$Q'(y)=\mathrm{I}+\mathrm{II}\begin{cases}\leqslant 0, & y\in\left[0,\frac{1}{2}\right];\\ \geqslant 0, & y\in\left[\frac{1}{2},1\right].\end{cases}$$

这说明 $Q(y)$ 在 $y=1/2$ 点取得最小值. 并且最小值为

$$Q(1/2)=2R_{r,m,\ell}(1/2)=2^{1-\frac{r}{2}}P_{m,\ell}(1/2)=2^{1-\frac{r}{2}-\ell}\sum_{j=0}^{\ell}\binom{m+\ell}{j}.$$

这就证明了(1). 下证引理的(2)，因为

$$\begin{aligned}S(y)&=R^{2}_{r,m,\ell}(y)+R^{2}_{r,m,\ell}(1-y)\\&=(1-y)^{r-2m}R^{2}_{m,\ell}(y)+y^{r-2m}R^{2}_{m,\ell}(1-y),\end{aligned}$$

有 $S'(y)=\mathrm{III}+\mathrm{IV}$，其中

$$\mathrm{III}=(r-2m)\left[y^{r-2m-1}R^{2}_{m,\ell}(1-y)-(1-y)^{r-2m-1}R^{2}_{m,\ell}(y)\right],$$

且

$$\mathrm{IV}=2(1-y)^{r-2m}R_{m,\ell}(y)R'_{m,\ell}(y)-2y^{r-2m}R_{m,\ell}(1-y)R'_{m,\ell}(1-y).$$

对于 III，利用引理 3.2.2 的(1)，有

$$\begin{aligned}\mathrm{III}&=(r-2m)\left[y^{r-1}P^{2}_{m,\ell}(1-y)-(1-y)^{r-1}P^{2}_{m,\ell}(y)\right]\\&=(r-2m)\left(\left(\sum_{j=0}^{\ell}\binom{m-1+j}{j}y^{\frac{1}{2}(r-1)}(1-y)^{j}\right)^{2}\right.\\&\quad\left.-\left(\sum_{j=0}^{\ell}\binom{m-1+j}{j}(1-y)^{\frac{1}{2}(r-1)}y^{j}\right)^{2}\right)\\&=(r-2m)\left(\sum_{j=0}^{\ell}\binom{m-1+j}{j}\left(y^{\frac{1}{2}(r-1)}(1-y)^{j}+(1-y)^{\frac{1}{2}(r-1)}y^{j}\right)\right)\end{aligned}$$

$$\times\left(\sum_{j=0}^{\ell}\binom{m-1+j}{j}\left(y^{\frac{1}{2}(r-1)}(1-y)^{j}-(1-y)^{\frac{1}{2}(r-1)}y^{j}\right)\right).$$

对于Ⅳ,利用引理 3.2.2 的(2),得到

$$\begin{aligned}\frac{\mathrm{IV}}{2} &= (1-y)^{r-2m}P_{m,\ell}(y)R'_{m,\ell}(y)-y^{r-2m}P_{m,\ell}(1-y)R'_{m,\ell}(1-y)\\ &= R'_{m,\ell}(y)\sum_{j=0}^{\ell}\binom{m-1+j}{j}y^{j}(1-y)^{r-2m}\\ &\quad -R'_{m,\ell}(1-y)\sum_{j=0}^{\ell}\binom{m-1+j}{j}(1-y)^{j}y^{r-2m}\\ &= (m+\ell)\binom{m-1+j}{j}\\ &\quad \times\left(\sum_{j=0}^{\ell}\binom{m-1+j}{j}\left(y^{r-1}(1-y)^{\ell+j}-y^{\ell+j}(1-y)^{r-1}\right)\right).\end{aligned}$$

因为对所有的 j,有

$$y^{\frac{1}{2}(r-1)}(1-y)^{j}-(1-y)^{\frac{1}{2}(r-1)}y^{j}\begin{cases}\leqslant 0, & y\in\left[0,\frac{1}{2}\right];\\ \geqslant 0, & y\in\left[\frac{1}{2},1\right].\end{cases}$$

所以,有

$$y^{r-1}(1-y)^{\ell+j}-y^{\ell+j}(1-y)^{r-1}\begin{cases}\leqslant 0, & y\in\left[0,\frac{1}{2}\right];\\ \geqslant 0, & y\in\left[\frac{1}{2},1\right],\end{cases}$$

从而得到

$$S'(y)=\mathrm{III}+\mathrm{IV}\begin{cases}\leqslant 0, & y\in\left[0,\frac{1}{2}\right];\\ \geqslant 0, & y\in\left[\frac{1}{2},1\right].\end{cases}$$

这说明 $S(y)$在 $y=1/2$ 点取得最小值,且最小值为

$$S(1/2)=2(2^{-\frac{r}{2}}P_{m,\ell}(y))^{2}=2^{1-r-2\ell}\left(\sum_{j=0}^{\ell}\binom{m-1+j}{j}\right)^{2}.$$

引理证毕.

接下来讨论由 SPS 得出的尺度函数的正则性与稳定性. 利用定理 3.2.1 和引理 3.2.3,得到下述结论.

定理 3.4.1　令${}_2\phi$ 是阶数为 r,m,ℓ的Ⅱ型 SPS,则存在常数 C,使得

$$|{}_2\hat{\phi}(\xi)|\leqslant C(1+|\xi|)^{-r+\kappa},$$

其中，$\kappa=\log\left(P_{m,\ell}\left(\frac{3}{4}\right)\right)/\log 2$. 因此$_2\phi\in C^{\alpha_2-\epsilon}$，其中 $\alpha_2=r-\kappa-1$. 进一步，令 $_1\phi$ 是阶数为 n,m,ℓ 的 Ⅰ 型 SPS，则

$$|_1\hat{\phi}(\xi)|\leqslant C(1+|\xi|)^{-n+\frac{\kappa}{2}}.$$

因此$_1\phi\in C^{\alpha_1-\epsilon}$，其中 $\alpha_1=n-\frac{\kappa}{2}-1$.

证明：注意到定理 3.2.1 中的 $|\mathcal{L}(\xi)|$ 在这里是 $P_{m,\ell}\left(\sin^2\left(\frac{\xi}{2}\right)\right)$，并且有 $4y(1-y)=\sin^2(\xi)$. 然后利用定理 3.2.1 和引理 3.2.3 可得定理的结论.

这个定理说明了$_k\phi\in L^2(\mathbb{R})$，$k=1,2$. 因为 $r\geqslant 2m$，所以 ϕ 的正则性比伪样条好，但却有更大的支集. 当 $r=6$，$m=2$，$\ell=1$ 时，图 3.4.1 的左边显示了对应的 SPS 函数$_2\phi_{6,2,1}$.

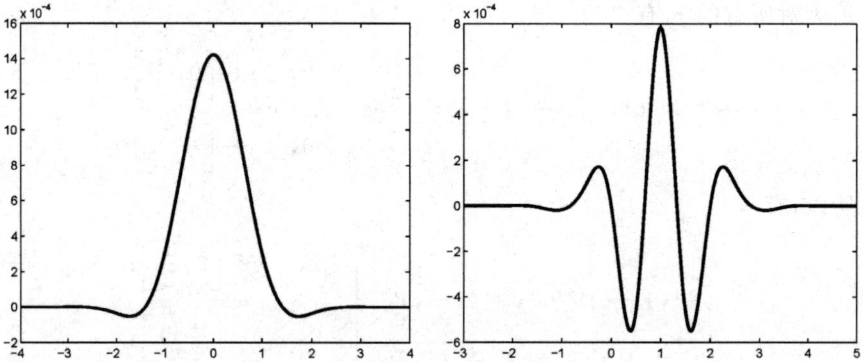

图 3.4.1 SPS 函数$_2\phi_{6,2,1}$(左)及相应的小波(右)$_2\psi_{6,2,1}$

下面介绍 SPS 的稳定性. 当 ϕ 是 $L^2(\mathbb{R})$ 中的紧支撑函数时，Jia 和 Micchelli[47] 证明了式(3.2.5)中的 Riesz 上界总是存在的. 进一步，他们证明了 Riesz 下界的存在与下式等价

$$(\hat{\phi}(\xi+2k\pi))_{k\in\mathbb{Z}}\neq 0,\quad \xi\in\mathbb{R},\tag{3.4.5}$$

其中，0 表示 $\ell^2(\mathbb{N})$ 中的零向量. 因为 SPS 是紧支撑的且在 $L^2(\mathbb{R})$ 中，所以它的稳定性等价于式(3.4.5)是否成立.

定理 3.4.2 SPS 是稳定的.

证明：由细分面具的定义，对固定的 $1\leqslant m\leqslant\frac{r}{2}$ 和所有的 $0\leqslant\ell\leqslant m-1$，$\xi\in\mathbb{R}$，不等式 $\cos^{2m}(\xi/2)\leqslant|_2\hat{a}_{r,m,\ell}(\xi)|$ 成立. 因此，有

$$|\hat{N}_r(\xi)|\leqslant|\hat{\phi}_{r,m,\ell}(\xi)|,$$

其中,N_r 表示阶数为 r 的 B 样条. 因为 N_r 是稳定的,所以有$(\hat{B}_r(\xi+2k\pi))_{k\in\mathbb{Z}}\neq 0$. 因此$({}_2\hat{\phi}_{r,m,\ell}(\xi+2k\pi))_{k\in\ell}\neq 0$,即 Ⅱ 型的 SPS 是稳定的. 对 Ⅰ 型的 SPS,因为${}_2\hat{a}_{2n,m,\ell}(\xi)=|{}_1\hat{a}_{n,m,\ell}|^2={}_1\hat{a}_{n,m,\ell}(\xi)\cdot{}_1\hat{a}_{n,m,\ell}(-\xi)$,所以有

$$ {}_2\hat{\phi}_{2n,m,\ell}(\xi)={}_1\hat{\phi}_{n,m,\ell}(\xi)\cdot\ {}_1\hat{\phi}_{n,m,\ell}(-\xi). $$

因此,${}_1\hat{\phi}_{n,m,\ell}(\xi)$的零点包含在${}_2\hat{\phi}_{2n,m,\ell}(\xi)$的零点中,这就保证了${}_1\phi(\xi)$是稳定的. 定理证毕.

这个定理说明了 SPS 的稳定性. 实际上,可以证明,SPS 的平移还是线性无关的[64]. 因为 SPS 是紧支撑、细分和稳定的 $L^2(\mathbb{R})$函数,所以通过定义 3.2.1 得到的子空间列$(V_n)_{n\in\mathbb{Z}}$是 MRA. 相应的小波可以按照经典方法得到. 令 $\hat{b}(\xi)=e^{-i\xi}\overline{\hat{a}(\xi+\pi)}$,定义小波

$$ \hat{\psi}(\xi)=\hat{b}\left(\frac{\xi}{2}\right)\hat{\phi}\left(\frac{\xi}{2}\right) $$

和小波系 $X(\psi):=\{\psi_{n,k}(x)=2^{n/2}\psi(2^nx-k),n,k\in\mathbb{Z}\}$. 接下来,利用定理 3.3.1 证明 $X(\psi)$是 $L^2(\mathbb{R})$的一个 Riesz 基. 证明的关键是估计$|\mathcal{L}(\xi)|$ 和 $|\widetilde{\mathcal{L}}(\xi)|$的 Riesz 上界. 注意到

$$ |{}_1\hat{a}_{n,m,\ell}(\xi)|^2={}_2\hat{a}_{2n,m,\ell}(\xi)=\cos^{2n}(\xi/2)P_{m,\ell}(\sin^2(\xi/2)), $$

所以有 $|{}_1\mathcal{L}(\xi)|=(P_{m,\ell}(\sin^2(\xi/2)))^{\frac{1}{2}}$,$|\mathcal{L}_2(\xi)|=P_{m,\ell}(\sin^2(\xi/2))$和

$$ |\widetilde{\mathcal{L}}_1|=\frac{(P_{m,\ell}(y))^{\frac{1}{2}}}{R_{2n,m,\ell}(y)+R_{2n,m,\ell}(1-y)},\quad |\widetilde{\mathcal{L}}_2|=\frac{P_{m,\ell}(y)}{R^2_{r,m,\ell}(y)+R^2_{r,m,\ell}(1-y)}. $$

从而,得到下述定理.

定理 3.4.3　令${}_k\phi(k=1,2)$是Ⅰ型或Ⅱ型的 SPS. 相应的细分面具是${}_ka$. 定义

$$ {}_k\hat{\psi}(2\xi):=e^{-i\xi}\overline{{}_k\hat{a}(\xi+\pi)}\,{}_k\hat{\phi}(\xi), $$

则 $X(\psi)$形成 $L^2(\mathbb{R})$的 Riesz 基.

证明:由引理 3.4.1 的(1),得到

$$ \begin{aligned} \|{}_1\widetilde{\mathcal{L}}\|_{L_\infty(\mathbb{R})} &= \sup_{y\in[0,1]}\frac{(P_{m,\ell}(y))^{\frac{1}{2}}}{R_{2n,m,\ell}(y)+R_{2n,m,\ell}(1-y)} \\ &\leqslant \frac{\begin{pmatrix} m+\ell \\ \ell^{\frac{1}{2}} \end{pmatrix}}{\min\limits_{y\in[0,1]}(R_{2n,m,\ell}(y)+R_{2n,m,\ell}(1-y))} \\ &\leqslant \frac{2^{n+\ell-1}\begin{pmatrix} m+\ell \\ \ell^{\frac{1}{2}} \end{pmatrix}}{\sum\limits_{j=0}^{\ell}\begin{pmatrix} m+\ell \\ j \end{pmatrix}} \end{aligned} $$

应用引理 3.2.1 的(3),得到 $\|{}_1\widetilde{\mathcal{L}}_\infty\| \leqslant 2^{n-1} < 2^{n-\frac{1}{2}}$. 类似的,可以得到

$$\|{}_2\widetilde{\mathcal{L}}\|_{L_\infty(\mathbb{R})} \leqslant 2^{r-1} < 2^{r-\frac{1}{2}}.$$

注意到对 $\xi \in \mathbb{R}$,有

$$|{}_k\hat{a}(\xi)|^2 + |{}_k\hat{a}(\xi+\pi)|^2 \leqslant 1.$$

因此有 $|{}_k\mathcal{L}(\xi)| \leqslant |{}_k\widetilde{\mathcal{L}}(\xi)|$. 再应用定理 3.3.1,就得到 $X(\psi)$ 形成了 $L^2(\mathbb{R})$ 的 Riesz 基.

由定义知,所得小波也在 $L^2(\mathbb{R})$ 中,且与尺度函数具有相同的正则性. 当 $r=6, m=2, \ell=1$ 时,图 3.4.1 显示了由 SPS 产生的小波 ${}_2\psi_{6,2,1}$.

第 4 章　相位恢复的稳定性

4.1　相位恢复简介

给定信号的测量强度，从中把信号解出的过程称为相位恢复. 应用中常见的是用信号 Fourier 变换的幅度谱来恢复信号. 这可以追溯到 1952 年 Sayre 的工作[52]. Fourier 相位恢复很自然地出现在光学信号的处理中，因为很多光学设备，甚至人眼，对光波的相位信息并不敏感. 所以大多数光学方法，如相干衍射成像，都只能得到信号的幅度信息，而没有相位信息. 相位恢复就是通过设备获得的信息求出真实的信号. 一个最为典型的例子是 DNA 双螺旋结构的发现，它使得 Watson、Crick 和 Wilkins 获得了 1962 年的物理和医学诺贝尔奖. 其他方向的应用还有 X 射线晶体学、语音识别、天文学和计算机生物学等. 在应用时，某些算法对二维及三维信号有良好的结果，但对一维信号，还没有非常高效的算法. 由于具有相同测量强度的信号并不唯一，所以在相位恢复时，有两种基本的解决办法. 一种办法是获得信号的一些先验信息，如最小相位、稀疏信号等；另一种办法是增加测量值的个数，例如可以多次测量，且在每次测量时加入不同的掩码(mask).

近年来，由于框架理论的发展，人们开始研究基于框架的相位恢复. 假设$\{f_j\}_{j\in J}$是希尔伯特空间$\mathcal{H}$的一个框架. 相位恢复的目的是通过测量值$\{|[f_j,x]|\}_{j\in J}$恢复$\mathcal{H}$中的信号 x. 许多学者用不同学科的方法来解决此问题. 近几年，人们发现相位恢复与代数几何、低秩矩阵恢复、压缩感知等学科方向有深刻的联系. 相位恢复的研究主要分为理论研究和算法研究. 理论研究主要解决在什么条件下可以保证相位恢复的唯一性以及在保证唯一性的条件下，需要的最小测量数量是多少. 这方面的综述可以参阅文献[61]. 关于算法研究，应用中最为常用的是 GS 方法以及它的各种扩展方法[34]. 近年来，学者们发明了许多新的方法，如利用半正定规划的 PhaseLift[12] 方法、PhaseCut[11] 方法和利用图的极化方法[3] 等. 从所处理的信号空间维数来说，相位恢复又可分为有限维空间中的相位恢复和无限维空间中的相位恢复. 不同于有限维空间中的相位恢复，无限维空间中的相位恢复不具有一致

稳定性[9]. 本书中只讨论有限维空间中的基于框架理论的相位恢复.

假设$\mathcal{H}$是有限维希尔伯特空间,$\{f_j\}_{j\in J}$是$\mathcal{H}$的一个框架. 定义测量算子M_F和$\sqrt{M_F}$分别为

$$M_F x=\{|[x,f_j]|^2\}_{j\in J},\quad \sqrt{M_F}x=\{|[x,f_j]|\}_{j\in J},\quad x\in\mathcal{H}.$$

从定义可以看出,它们都是非线性算子. 如果存在数c使得$y=cx$,其中$|c|=1$,则记这种关系为$x\sim y$,并定义商空间$\mathcal{H}_r=\mathcal{H}/\sim$. 如果$\mathcal{H}$是实希尔伯特空间,则$c=\pm1$,$\mathcal{H}_r=\mathcal{H}/\{\pm1\}$. 若$\mathcal{H}$是复希尔伯特空间,则$c$是单位圆周$T$上的点,且$\mathcal{H}_r=\mathcal{H}/T$. 由于对任意的$x\sim y$,都有$M_F x=M_F y$,所以测量算子在$H$上不是单射,这就使得相位恢复的结果可能与真实信号之间相差一个整体相位. 但在商空间上,可以使得测量算子是单射. 在以后的章节中,单射都是指在商空间上,不再单独说明.

当$\mathcal{H}=\mathbb{R}^n$,$J=\{1,2,\cdots,m\}$时,介绍测量算子是单射的充分必要条件.

定理 4.1.1[4,6] 令$\{f_i\}_{i=1}^m$是$\mathbb{R}^n$的一个框架,则下述各条等价.

(1) 测量算子是单射.

(2) 若F_1和F_2是框架$F=\{f_i\}_{i=1}^m$的一个划分,即$F=F_1\cup F_2$,$F_1\cap F_2=\varnothing$,则F_1和F_2至少有一个张成$\mathbb{R}^n$.

(3) 任取$\mathbb{R}^n$中的两个非零向量x,y,都有

$$\sum_{k=1}^m |[x,f_k]|^2\,|[y,f_k]|^2>0.$$

(4) 存在正实数a_0使得对$x,y\in H$,有

$$\sum_{k=1}^m |[x,f_k]|^2\,|[y,f_k]|^2\geqslant a_0\|x\|^2\|y\|^2. \tag{4.1.1}$$

(5) 存在正实数a_0使得对$x\in\mathbb{R}^n$,有

$$R(x):=\sum_{k=1}^m |[x,f_k]|^2 f_k f_k^*\geqslant a_0\|x\|^2 I, \tag{4.1.2}$$

其中,不等式是在二次型的意义下成立且I是单位矩阵.

证明:先用反证法证明(1)⇒(2). 如果存在子集$\phi\subset\{1,2,\cdots,m\}$,使得$\{f_i\}_{i\in\phi}$和$\{f_i\}_{i\in\phi^C}$都不能张成$\mathbb{R}^n$. 则存在两个非零的向量$x,y\in\mathbb{R}^n$,使得$x\perp\mathrm{span}\{f_i\}_{i\in\phi}$且$y\perp\mathrm{span}\{f_i\}_{i\in\phi^C}$. 从而有$x+y\neq\pm(x-y)$且$M_F(x+y)=M_F(x-y)$,这与$M_F$是单射矛盾.

下证(2)⇒(1). 假设$x,y\in\mathbb{R}^n$且$M_F(x)=M_F(y)$. 这说明对任意的$1\leqslant j\leqslant m$,都有$|[x,f_j]|=|[y,f_j]|$. 令

$$\phi=\{j:[x,f_j]=-[y,f_j]\},$$

则ϕ的补集为

$$\phi^C=\{j:[x,f_j]=[y,f_j]\}.$$

从而得到$(x+y)\perp \mathrm{span}\{f_i\}_{i\in\phi}$且$(x-y)\perp \mathrm{span}\{f_i\}_{i\in\phi^C}$. 若$\{f_i\}_{i\in\phi}$张成$\mathbb{R}^n$，则 $x=-y$. 若$\{f_i\}_{i\in\phi^C}$张成$\mathbb{R}^n$，则 $x=y$. 所以测量算子是单射.

(2)⇒(3). 仍然用反证法证明. 假设存在非零向量 $x,y\in H$ 使得$\sum_{k=1}^{m}|[x,f_k]|^2|[y,f_k]|^2=0$，则对所有的 k 有$[x,f_k][y,f_k]=0$. 令 $I_x=\{k,[x,f_k]=0\}$，$I_y=\{1,\cdots,m\}I_x$. 定义两个向量集合$F_1=\{f_k,k\in I_x\}$和$F_2=F\backslash F_1$. 因为 x 正交于F_1，所以 F_1 不能张成$\mathbb{R}^n$；类似的，F_2 也不能张成$\mathbb{R}^n$. 这与(2) 矛盾.

(3)⇒(4). 单位球面 $S_1(\mathbb{R}^n)$在$\mathbb{R}^n$中是紧的，所以 $S_1(\mathbb{R}^n)\times S_1(\mathbb{R}^n)$在$\mathbb{R}^n\times\mathbb{R}^n$ 中也是紧的. 因为映射

$$(x,y)\mapsto\sum_{k=1}^{m}|[x,f_k]|^2|[y,f_k]|^2$$

是连续的，所以有

$$a_0:=\min_{(x,y)\in S_1(H)\times S_1(H)}\sum_{k=1}^{m}|[x,f_k]|^2|[y,f_k]|^2>0.\qquad(4.1.3)$$

利用上述映射的齐次性，对任意非零向量 $x,y\in\mathbb{R}^n$，有

$$\sum_{k=1}^{m}|[x,f_k]|^2|[y,f_k]|^2=\|x\|^2\|y\|^2\sum_{k=1}^{m}\left|\left[\frac{x}{\|x\|},f_k\right]\right|^2\left|\left[\frac{y}{\|y\|},f_k\right]\right|^2\geqslant a_0\|x\|^2\|y\|^2.$$

如果 $x=0$ 或 $y=0$，则式(4.1.1)显然成立.

(4)⇒(5). 由二次型的定义可直接得到.

(5)⇒(2). 仍然用反证法证明. 如果有划分 $F=F_1\cup F_2$ 使得 F_1 和 F_2 都不能张成$\mathbb{R}^n$，则存在两个非零向量 $x,y\in\mathbb{R}^n$ 使得 $x\perp F_1$ 且 $y\perp F_2$. 从而对所有 k，都有$[x,f_k][y,f_k]=0$，这说明 $y\in\ker(R(x))$. 这与式(4.1.1)矛盾.

n 维希尔伯特空间中的一个向量集合 F，如果其中的任意 n 个向量都线性无关，则称 F 是满星的(full spark). 如果$\mathbb{K}^{n\times m}=\mathbb{K}^n\times\cdots\times\mathbb{K}^n$的一个子集 Z 在$\mathbb{K}^{n\times m}$中是稠密的，且 Z 的补集是$\mathbb{K}$上有限个 nm 元多项式的零点的并集，则称 Z 是一般的(generic). 下面给出一些关于框架中元素个数和空间维数与测量算子的关系. 并省略证明.

定理 4.1.2[6]　当$\mathcal{H}=\mathbb{R}^n$ 时，下述结论成立.

(1) 若测量算子是单射，则 $m\geqslant 2n-1$；

(2) 若 $m\leqslant 2n-2$，则测量算子不是单射；

(3) 若 $m=2n-1$，则测量算子是单射当且仅当框架 F 是满星的；

(4) 若 $m\geqslant 2n-1$ 且框架 F 是满星的，则测量算子是单射；

(5) 若 $m\geqslant 2n-1$，则对一般框架 F，测量算子是单射：

定理 4.1.3[6] 当$\mathcal{H}=\mathbb{C}^n$时,下述结论成立:

(1) 若 $m\geqslant 4n-2$,则对一般框架 F,测量算子是单射;

(2) 若测量算子是单射,则 $m\geqslant 3n-2$;

(3) 若 $m\leqslant 3n-3$,则测量算子不是单射.

如果一个框架的测量算子是单射,那么从理论上说,通过测量值就可以恢复信号.如果测量算子是单射时,也称与之相应的框架是可相位恢复的.

4.2 实信号相位恢复的稳定性

本节介绍由 Balan 等人给出的 n 维实希尔伯特空间中相位恢复的稳定性结果[7].若$\mathcal{F}=\{f_1,f_2,\cdots,f_m\}$是$\mathbb{R}^n$中的一个框架.把向量 $f_j\in\mathcal{F}$按列排成一个矩阵,并称之为框架矩阵 $F=[f_1,f_2,\cdots,f_m]$.从而,式(2.1.1)中最大的 A 和最小的 B 可写为

$$A=\lambda_{\max}(FF^*)=\sigma_1^2(F),\quad B=\lambda_{\min}(FF^*)=\sigma_n^2(F),$$

其中,$\lambda_{\max}$,$\lambda_{\min}$分别表示最大和最小的特征值;σ_1,σ_n 分别表示最大和最小的奇异值.定义距离 $d(x,y):=\min(\|x-y\|,\|x+y\|)$.对所有的 $x\in\mathbb{R}^n$ 和 $\varepsilon>0$,定义

$$Q_\varepsilon(x)=\max_{\{y:\|\sqrt{M_F}(x)-\sqrt{M_F}(y)\|\leqslant\varepsilon\}}\frac{d(x,y)}{\varepsilon}.$$

$Q_\varepsilon(x)$的大小揭示了在 x 点附近的稳定性.它反映了局部性质.对于全局性质,定义

$$q_\varepsilon:=\max_{\|x\|=1}Q_\varepsilon(x),\quad q_0:=\limsup_{\varepsilon\to 0}q_\varepsilon,\quad q_\infty:=\sup_{\varepsilon>0}q_\varepsilon.$$

其中的$\|\cdot\|$表示普通的欧式范数.注意到 $Q_\varepsilon(x)$具有尺度性(scaling property),即对任意的 $c\neq 0$,都有 $Q_\varepsilon(x)=Q_{|c|\varepsilon}(cx)$.假设 $S\subseteq\{1,2,\cdots,m\}$,记$\mathcal{F}[S]=\{f_k,k\in S\}$,并记与之对应的框架矩阵为 F_S.令

$$A[S]:=\sigma_n^2(F_S)=\lambda_{\min}(F_SF_S^*),$$

定义集合

$$S:=\{S\subset\{1,2,\cdots,m\}:\dim(\mathrm{span}(\mathcal{F}[S^c]))<n\}.$$

并记 Δ 和 ω 为

$$\Delta=\min_S\sqrt{A[S]+A[S^c]},\tag{4.2.1}$$

$$\omega=\min_{S\in S}\sigma_n(F_S),$$

则显然有 $\Delta\leqslant\omega$.

引理 4.2.1　令 $\varepsilon>0$,则稳定性函数 $Q_\varepsilon(x)$ 可写为

$$Q_\varepsilon(x)=\frac{1}{\varepsilon}\max_{(w_1,w_2)\in\Gamma}\min\{\|w_1\|,\|w_2\|\},$$

其中,Γ 定义为

$$\Gamma=\left\{(w_1,w_2):\frac{1}{2}(w_1+w_2)=x,\sum_{j=1}^{m}\min(|[f_j,w_1]|^2,|[f_j,w_2]|^2)\right.$$
$$\left.=\|F_S^* w_1\|^2+\|F_{S^c}^* w_2\|^2\leqslant\varepsilon^2\right\},$$

其中,$S:=S(w_1,w_2)=\{j:|[f_j,w_1]|\leqslant|[f_j,w_2]|\}$.

证明:对 $x,y\in\mathbb{R}^n$,令 $w_1=x+y,w_2=x-y$. 则 $x=\frac{1}{2}(w_1+w_2)$ 且 $y=\frac{1}{2}(w_1-w_2)$. 简单计算可知

$$|[f_j,x]|-|[f_j,y]|=\begin{cases}\pm[f_j,w_1], & j\in S;\\ \pm[f_j,w_2], & j\in S^c.\end{cases}$$

也就是说,

$$|[f_j,x]|-|[f_j,y]|=\min(|[f_j,w_1]|,|[f_j,w_2]|).\qquad(4.2.2)$$

从而得到

$$\|\sqrt{M_F}(x)-\sqrt{M_F}(y)\|^2=\sum_{j\in S}|[f_j,w_1]|^2+\sum_{j\in S^c}|[f_j,w_2]|^2$$
$$=\|F_S^* w_1\|^2+\|F_{S^c}^* w_2\|^2.$$

把上式和 $d(x,y)=\min(w_1,w_2)$ 代入 $Q_\varepsilon(x)$ 的定义就得到了引理的结论.

利用上面的引理,可得到如下有关稳定性的结论.

定理 4.2.1　假设框架 $\mathcal{F}$ 是可相位恢复的. 令 $A>0$ 是 $\mathcal{F}$ 的框架下界,且 $\tau:=\min\{\sigma_n(F_S):S\subseteq\{1,\cdots,m\},\mathrm{rank}(F_S)=n\}$.

(1) 对任意的 $\varepsilon>0$,都有

$$\min\left\{\frac{1}{\varepsilon},\frac{1}{\omega}\right\}\leqslant q_\varepsilon\leqslant\frac{1}{\Delta}.$$

(2) 若 $\varepsilon<\tau$,则 $q_\varepsilon=\frac{1}{\omega}$. 因此 $q_0=\frac{1}{\omega}$.

(3) 对任意非零向量 $x\in\mathbb{R}^n$ 和 $0<\varepsilon<\Delta_x$,有

$$Q_\varepsilon(x)=\frac{1}{\sqrt{A}},$$

其中

$$\Delta_x:=\frac{2\tau}{\max(\|f_j\|)+\tau}\min\{|[f_j,x]|:[f_j,x]\neq 0\}.$$

(4) 上界 q_∞ 等于 Δ 的倒数，$q_\infty=\frac{1}{\Delta}$.

证明：首先证明(1)中的上界. 由引理 4.2.1 可知，在限制条件 $\frac{1}{2}(w_1+w_2)=x$ 和 $\|F_S^* w_1\|^2+\|F_{S^c}^* w_2\|^2\leqslant\varepsilon^2$ 下，有

$$Q_\varepsilon(x)=\frac{1}{\varepsilon}\max_{w_1,w_2}\min\{\|w_1\|,\|w_2\|\}.$$

不失一般性，假设 $\|w_1\|\leqslant\|w_2\|$，则

$$\begin{aligned}\frac{\varepsilon^2}{\|w_1\|^2}&\geqslant\frac{\|F_S^* w_1\|^2+\|F_{S^c}^* w_2\|^2}{\|w_1\|^2}\\&\geqslant\sigma_n^2(F_S)+\sigma_n^2(F_{S^c})\frac{\|w_2\|^2}{\|w_1\|^2}\\&\geqslant\Delta.\end{aligned}$$

这说明

$$\frac{1}{\varepsilon}\min\{\|w_1\|,\|w_2\|\}\leqslant\frac{1}{\Delta}.$$

从而有 $Q_\varepsilon(x)\leqslant\frac{1}{\Delta}$.

为了证明(1)中的下界，对任意的 $\varepsilon>0$，构造满足限制条件的向量 w_1，w_2 和向量 x. 令 S 是集合 $\{1,2,\cdots,m\}$ 的子集且满足 $\operatorname{rank}(F_{S^c})<n$ 和 $\sigma_n(F_S)=\omega$. 取单位向量 $v_1,v_2\in\mathbb{R}^n$ 且

$$\|F_S^* v_1\|=\omega,\quad F_{S^c}^* v_2=0.$$

令 $t=\min\left\{\frac{\varepsilon}{\omega},1\right\}$ 且 $w_1=tv_1$，则 $\|w_1\|=t\leqslant 1$. 现在选择一个 $s\in\mathbb{R}$ 使得 $\|w_1+sv_2\|=2$. 这总是可能的，因为映射 $s\mapsto\|w_1+sv_2\|$ 是连续的且 $\|w_1+0v_2\|=t\leqslant 1\leqslant 2\leqslant\|w_1+3v_2\|$. 令 $w_2=sv_2$，则 $\|w_1+w_2\|=2$. 从而有

$$|s|=\|sv_2\|\geqslant\|w_1+sv_2\|-\|w_1\|=2-t\geqslant 1.$$

因此 $\|w_2\|\geqslant\|w_1\|$. 现在令 $x=\frac{1}{2}(w_1+w_2)$ 且 $y=\frac{1}{2}(w_1-w_2)$，则有

$$\begin{aligned}\left\|\sqrt{M_F}(x)-\sqrt{M_F}(y)\right\|^2&=\sum_{j=1}^m\min(|[f_j,w_1]|^2,|[f_j,w_2]|^2)\\&\leqslant\sum_{j\in S}|[f_j,w_1]|^2+\sum_{j\in S^c}|[f_j,w_2]|^2\\&=t^2\omega^2\leqslant\varepsilon^2.\end{aligned}$$

并且

$$d(x,y)=\min(\|w_1\|,\|w_2\|)=\|w_1\|=t.$$

因此对这个 x，得到

$$Q_\varepsilon(x)\geqslant\frac{d(x,y)}{\varepsilon}=\min\left\{\frac{1}{\varepsilon},\frac{1}{\omega}\right\}.$$

从而有 $q_\varepsilon\geqslant\min\left\{\frac{1}{\varepsilon},\frac{1}{\omega}\right\}$. 让 $\varepsilon>0$ 足够小，得到 $q_\varepsilon\geqslant\frac{1}{\omega}$.

接下来证明(2). 假设 $\varepsilon\leqslant\min\{\sigma_n(F_S):\mathrm{rank}(F_S)=n\}$，则显然有 $\varepsilon\leqslant\omega$. 由(1)，得到 $q_\varepsilon\geqslant\frac{1}{\omega}$. 对 $\mathbb{R}^n$ 中的单位向量 x，仍然用 w_1,w_2 来估计 $q_\varepsilon(x)$. 条件 $\|w_1+w_2\|=2$ 蕴含着 $\|w_1\|\geqslant1$ 或 $\|w_2\|\geqslant1$. 不失一般性，假设 $\|w_1\|\geqslant1$. 若 $\mathrm{rank}(F_S)=n$，则有

$$\|F_S^*w_1\|\geqslant\sigma_n(F_S)\|w_1\|\geqslant\min\{\sigma_n(F_S):\mathrm{rank}(F_S)=n\}>\varepsilon.$$

这与条件 $\|F_S^*w_1\|^2+\|F_{S^c}^*w_2\|^2\leqslant\varepsilon^2$ 矛盾，所以 $\mathrm{rank}(F_S)<n$，并且

$$\varepsilon^2\geqslant\|F_S^*w_1\|^2+\|F_{S^c}^*w_2\|^2\geqslant\|F_{S^c}^*w_2\|^2\geqslant\omega^2\|w_2\|^2,$$

因此 $\|w_2\|\leqslant\frac{\varepsilon}{\omega}$. 再由引理 4.2.1，得到 $q_\varepsilon=\frac{1}{\omega}$.

现在证明(3). 因为测量算子 $\sqrt{M_F}$ 是单射，所以由定理 4.1.1，$\mathrm{rank}(F_S)=n$ 或者 $\mathrm{rank}(F_{S^c})=n$. 不失一般性，假设 $\mathrm{rank}(F_S)=n$，则 $\varepsilon\geqslant\|F_S^*w_1\|\geqslant\tau\|w_1\|$，所以 $\|w_1\|\leqslant\varepsilon/\tau$. 这里断言对任意的 $k\in S^c$，必有 $[f_k,x]=0$. 若不然，令 $w_2=2x-w_1$，$L_x:=\min\{|[f_j,x]|:=[f_j,x]\neq0\}$，则

$$\begin{aligned}|[f_k,w_2]|&\geqslant2|[f_k,x]|-|[f_k,w_1]|\\&\geqslant2L_x-\max(\|f_j\|)\|w_1\|\\&\geqslant2L_x-\max(\|f_j\|)\frac{\varepsilon}{\tau}\\&>\varepsilon.\end{aligned}$$

这与 $\|F_S^*w_1\|^2+\|F_{S^c}^*w_2\|^2\leqslant\varepsilon^2$ 矛盾. 所以对所有的 $k\in S^c$ 都有 $[f_k,x]=0$，且

$$|[f_j,w_2]|=|[f_j,2x-w_1]|=|[f_j,w_1]|.$$

这说明

$$\|F_S^*w_1\|^2+\|F_{S^c}^*w_2\|^2=\|F^*w_1\|^2\leqslant\varepsilon^2.$$

从而有 $\|w_1\|\leqslant\varepsilon/\sqrt{A}$ 且 $Q_\varepsilon(x)\leqslant\frac{1}{\sqrt{A}}$，总存在一个向量 w_1 满足 $\|F^*w_1\|=\sqrt{A}\|w_1\|=\varepsilon$. 显然向量 w_1 和 $w_2=2x-w_1$ 满足所要求的条件，并且简单计算可知 $\min(\|w_1\|,\|w_2\|)=\|w_1\|=\varepsilon/\sqrt{A}$.

最后，证明(4). 由(1)，有 $q_\infty\leqslant\frac{1}{\Delta}$，所以只需证明对某个 x 和 ε，$Q_\varepsilon(x)\geqslant\frac{1}{\Delta}$ 成立即可. 假设 S_0 是使得式(4.2.1)取得最小值的子集，令 $u,v\in\mathcal{H}$ 是

对应于 $F_{S_0}F_{S_0}^*$ 和 $F_{S_0^c}F_{S_0^c}^*$ 的最小特征值的单位特征向量，则有

$$\|F_{S_0}^* u\|^2=A[S_0],\quad \|F_{S_0^c}^* v\|^2=A[S_0^c].$$

令 $x=(u+v)/2,\varepsilon=\Delta$，并且 $w_1=u,w_2=v$，则由引理 4.2.1 知

$$Q_\varepsilon(x)\geqslant\frac{\min(\|w_1\|,\|w_2\|)}{\varepsilon}=\frac{1}{\Delta},$$

因为

$$\sum_{j=1}^m\min(|[f_j,w_1]|^2,|[f_j,w_2]|^2)\leqslant\|F_{S_0}^* w_1\|^2+\|F_{S_0^c}^* w_2\|^2=\varepsilon^2.$$

从而证明完毕.

为了讨论测量算子 M_F 的稳定性，定义新的距离 $d_1(x,y):=\|xx^*-yy^*\|_1$，其中 $\|X\|_1$ 表示矩阵 X 的核范数，即矩阵 X 所有奇异值的和. 考虑下述两个比值：

$$U(x,y):=\frac{\left\|\sqrt{M_F}(x)-\sqrt{M_F}(y)\right\|}{d(x,y)},$$

$$V(x,y):=\frac{\|M_F(x)-M_F(y)\|}{d_1(x,y)}. \tag{4.2.3}$$

先考察 $U(x,y)$ 的界. 令 $w_1=x-y$ 且 $w_2=x+y$. 由式(4.2.2)，得到

$$\begin{aligned}\left\|\sqrt{M_F}(x)-\sqrt{M_F}(y)\right\|^2&=\sum_{j=1}^m\min(|[f_j,w_1]|^2,|[f_j,w_2]|^2)\\&\leqslant\min\left\{\sum_{j=1}^m|[f_j,w_1]|^2,\sum_{j=1}^m|[f_j,w_2]|^2\right\}\\&\leqslant B\min\{\|w_1\|^2,\|w_2\|^2\}\\&=Bd^2(x,y),\end{aligned}$$

其中，B 是框架$\mathcal{F}$的最优上框架界. 因此 $U(x,y)$ 具有上界$\sqrt{B}$. 并且上界是最优的. 事实上，令 $x\in\mathbb{R}^n$ 使得 $\sum\limits_{j=1}^m|[f_j,w_1]|^2=B$ 且 $y=2x$，则 $U(x,y)=\sqrt{B}$. 接下来考虑 $U(x,y)$ 的下界. 定义

$$\rho_\varepsilon(x):=\inf_{\{y:d(x,y)\leqslant\varepsilon\}}U(x,y),$$

$$\rho(x):=\lim_{\{y:d(x,y)\to0\}}\inf U(x,y)=\lim_{\varepsilon\to0}\inf\rho_\varepsilon(x),$$

$$\rho_0:=\inf_x\rho(x),$$

$$\rho_\infty:=\inf_{d(x,y)>0}U(x,y).$$

简单计算可知

$$U^2(x,y)=\frac{\sum\limits_{j=1}^m\min(|[f_j,w_1]|^2,|[f_j,w_2]|^2)}{\min(\|w_1\|^2,\|w_2\|^2)},$$

其中 $w_1=x-y$, $w_2=x+y$. 现在固定 x 且令 $d(x,y)<\varepsilon$. 不失一般性,假设 $\|y-x\|<\varepsilon$,则 $\|w_1\|<\varepsilon$ 且 $\|w_2-2x\|=\|w_1\|<\varepsilon$. 令 $S=\{j:[f_j,x]\neq 0\}$,且

$$\varepsilon_0(x):=\frac{\min_{k\in S}|[f_k,x]|}{\max_{k\in S}\|f_k\|}. \tag{4.2.4}$$

若 $\|w_1\|<\varepsilon_0$ 且 $k\in S$,有

$$\begin{aligned}|[f_k,w_2]|&=|2[f_k,x]-[f_k,w_1]|\\&\geqslant 2|[f_k,x]|-|[f_k,w_1]|\\&\geqslant 2\varepsilon_0(x)\|f_k\|-\|w_1\|\|f_k\|\\&\geqslant|[f_k,w_1]|.\end{aligned}$$

但对 $k\in S^c$,有

$$|[f_k,w_2]|=|[f_k,w_1]|.$$

因此当 $\varepsilon<\varepsilon_0(x)$ 时,对所有的 j 都有 $\min(|[f_j,w_1]|^2,|[f_j,w_2]|^2)=|[f_j,w_1]|^2$. 从而有

$$U^2(x,y)=\frac{\sum_{j=1}^m|[f_j,w_1]|^2}{\|w_1\|^2}=\sum_{j=1}^m\left|\left[\frac{w_1}{\|w_1\|},f_j\right]\right|^2.$$

所以 $U^2(x,y)\geqslant A$,其中 A 是框架 $\mathcal{F}$ 的最优框架界. 进一步,当 $w_1=x-y$ 是 FF^* 的最小特征值对应的特征向量时,下界可以取到. 这说明当 $\varepsilon<\varepsilon_0(x)$ 时,

$$\rho_\varepsilon(x)=\sqrt{A},$$

从而有 $\rho(x)=\sqrt{A}$.

有下面的定理.

定理 4.2.2　假设框架 $\mathcal{F}$ 是可相位恢复的. 令 A,B 分别是框架 $\mathcal{F}$ 的最优上下界,对 $x\in\mathbb{R}^n$,令 $\varepsilon_0(x)$ 如式(4.2.4)中定义的,则

(1) 对任意的 $x,y\in\mathbb{R}^n$ 且 $d(x,y)>0$,都有 $U(x,y)\leqslant\sqrt{B}$.

(2) 若 $\varepsilon<\varepsilon_0(x)$,则 $\rho_\varepsilon(x)=\sqrt{A}$,从而 $\rho(x)=\rho_0=\sqrt{A}$.

(3) $\Delta=\rho_\infty\leqslant\omega\leqslant\rho_0=\rho(x)=\sqrt{A}$.

(4) 映射 $\sqrt{M_F}$ 是双 Lipschitz 的,且有最优 Lipschitz 上界 $\sqrt{B}$ 和 Lipschitz 下界 ρ_∞:

$$\rho_\infty d(x,y)\leqslant\left\|\sqrt{M_F}(x)-\sqrt{M_F}(y)\right\|\leqslant\sqrt{B}d(x,y).$$

证明:上述讨论已经证明了定理的(1)和(2). 因为(4)可由(1)和(3)直接得到,只需证明(3). 注意到

$$\rho_\infty^2=\inf_{d(x,y)>0}U^2(x,y)=\inf_{w_1,w_2\neq 0}\frac{\sum_{j=1}^m\min(|[f_j,w_1]|^2,|[f_j,w_2]|^2)}{\min(\|w_1\|^2,\|w_2\|^2)}.$$

对任意的 w_1,w_2，不失一般性，假设 $0<\|w_1\|\leqslant\|w_2\|$. 令 $S=\{j:|[f_j,w_1]|\leqslant|[f_j,w_2]|\}$，且 $t=\|w_2\|/\|w_1\|\geqslant 1$，则

$$\begin{aligned}\frac{\sum_{j=1}^{m}\min(|[f_j,w_1]|^2,|[f_j,w_2]|^2)}{\min(\|w_1\|^2,\|w_2\|^2)} &= \sum_{j\in S}|[f_j,v_1]|^2+t^2\sum_{j\in S^c}|[f_j,v_2]|^2\\ &\geqslant \sum_{j\in S}|[f_j,v_1]|^2+\sum_{j\in S^c}|[f_j,v_2]|^2\\ &\geqslant \Delta^2.\end{aligned}$$

所以 $\rho_\infty\geqslant\Delta$.

令 u,v 是取得界 Δ 的单位(特征)向量，即

$$\|u\|=\|v\|=1,\quad \sum_{k\in S}|[u,f_k]|^2+\sum_{k\in S^c}|[v,f_k]|^2=\Delta^2.$$

令 $x=u+v$ 且 $y=u-v$，则按照文献[8]，有

$$\begin{aligned}\left\|\sqrt{M_F}(x)-\sqrt{M_F}(y)\right\|^2 &= \sum_{j\in S}\Big|\,|[u+v,f_k]|-|[u-v,f_k]|\,\Big|\\ &\quad+\sum_{j\in S^c}\Big|\,|[u+v,f_k]|-|[u-v,f_k]|\,\Big|^2\\ &\leqslant 4\Big(\sum_{j\in S}|[u,f_k]|^2+\sum_{j\in S^c}|[v,f_k]|^2\Big)\\ &=4\Delta^2.\end{aligned}$$

另一方面，

$$d(x,y)=\min(\|x-y\|,\|x+y\|)=2.$$

因此得到

$$\frac{\left\|\sqrt{M_F}(x)-\sqrt{M_F}(y)\right\|}{d(x,y)}\leqslant\Delta.$$

定理证毕.

接下来考虑 $V(x,y)$ 的界. 研究它的原因是在实际问题中，很多噪声是直接加到 M_F 上而不是加到 $\sqrt{M_F}$ 上的. 很多相位恢复算法的研究中用到了此模型，如 PhaseLift 算法[12].

令 $\mathrm{Sym}_n(\mathbb{R})$ 表示 $\mathbb{R}$ 上的 $n\times n$ 阶对称矩阵全体. 它是一个希尔伯特空间，其内积定义为 Hilbert-Schmidt 内积 $[X,Y]_{HS}:=\mathrm{Tr}(XY^{\mathrm{T}})=\mathrm{Tr}(XY)$. 事实上，非线性算子 M_F 导出了 $\mathrm{Sym}_n(\mathbb{R})$ 上的线性算子. 对任意的 $x\in\mathbb{R}^n$，记 $X=xx^{\mathrm{T}}$，则 $M_F(x)$ 中的元素可写为

$$(M_F(x))_j=|[f_j,x]|^2=x^{\mathrm{T}}f_jf_j^{\mathrm{T}}x=\mathrm{Tr}(F_jX)=[F_j,X],\qquad(4.2.5)$$

其中，$F_j:=f_jf_j^{\mathrm{T}}$. 现在令 $\mathcal{A}$ 表示线性算子 $\mathcal{A}:\mathrm{Sym}_n(\mathbb{R})\to\mathbb{R}^n$，

$$(\mathcal{A}(X))_j=[F_j,X]=\mathrm{Tr}(F_jX).\qquad(4.2.6)$$

令 $S_n^{p,q}$ 是最多有 p 个正特征值和 q 个负特征值的 $n\times n$ 阶实对称矩阵的集合,所以 $S_n^{1,0}$ 表示秩最大为 1 的非负定矩阵. 利用谱分解可以得到 $X\in S_n^{1,0}$ 当且仅当存在 $x\in\mathbb{R}^n$ 使得 $X=xx^{\mathrm{T}}$.

引理 4.2.2 下列各条件等价.

(1) $X\in S_n^{1,1}$;

(2) 存在 $x,y\in\mathbb{R}^n$,使得 $X=xx^{\mathrm{T}}-yy^{\mathrm{T}}$.

(3) 存在 $w_1,w_2\in\mathbb{R}^n$,使得 $X=\frac{1}{2}(w_1w_2^{\mathrm{T}}+w_2w_1^{\mathrm{T}})$.

进一步,若 $X=\frac{1}{2}(w_1w_2^{\mathrm{T}}+w_2w_1^{\mathrm{T}})$,则它的核范数是 $\|X\|_1=\|w_1\|\|w_2\|$.

证明:(1)⇒(2). 对 X 应用谱分解,则存在 $u_1,u_2\in\mathbb{R}^n$ 和 $\beta_1,\beta_2\geqslant 0$ 使得 $X=\beta_1u_1u_1^{\mathrm{T}}-\beta_2u_2u_2^{\mathrm{T}}$. 从而 $X=xx^{\mathrm{T}}-yy^{\mathrm{T}}$,其中 $x:=\sqrt{\beta_1}u_1,y:=\sqrt{\beta_2}u_2$.

(2)⇒(3). 令 $w_1=x-y,w_2=x+y$,即可得到结论.

(3)⇒(1). 通过计算 $X=\frac{1}{2}(w_1w_2^{\mathrm{T}}+w_2w_1^{\mathrm{T}})$ 的特征值来证明,显然 $\mathrm{rank}(X)\leqslant 2$. 若 X 没有非零特征值或只有一个非零特征值,结论显然成立. 若有两个非零特征:λ_1,λ_2,则有

$$\begin{cases}\lambda_1+\lambda_2=\mathrm{Tr}(X)=[w_1,w_2];\\ \lambda_1^2+\lambda_2^2=\mathrm{Tr}(X^2)=(\|w_1\|^2\|w_2\|^2+|[w_1,w_2]|^2)/2.\end{cases}$$

解上面的方程组得到

$$\lambda_1=\frac{1}{2}([w_1,w_2]+\|w_1\|\|w_2\|),$$

$$\lambda_2=\frac{1}{2}([w_1,w_2]-\|w_1\|\|w_2\|).$$

再由 Cauchy-Schwarz 不等式有 $\lambda_1\geqslant 0\geqslant\lambda_2$,这就证明了 $X\in S_n^{1,1}$. 进一步,也得到 X 的核范数 $\|X\|_1=|\lambda_1|+|\lambda_2|=\|w_1\|\|w_2\|$.

利用上面的引理来分析 $V(x,y)$. 考虑下面的量,有

$$\mu_\varepsilon(x):=\inf_{\{y:d(x,y)\leqslant\varepsilon\}}V(x,y),$$

$$\mu(x):=\liminf_{\{y:d(x,y)\to 0\}}V(x,y)=\liminf_{\varepsilon\to 0}\mu_\varepsilon(x),$$

$$\mu_0:=\inf_x\mu(x),$$

$$\mu_\infty:=\inf_{d(x,y)>0}V(x,y),$$

由式(4.2.5),得到 $|[f_j,x]|^2-|[f_j,y]|^2=[F_j,X]$,其中 $F_j=f_jf_j^{\mathrm{T}}$ 且 $X=xx^{\mathrm{T}}-yy^{\mathrm{T}}$. 因此

$$V^2(x,y)=\frac{\sum_{j=1}^m|[F_j,X]|^2}{\|X\|_1^2}.$$

令 $w_1=x-y, w_2=x+y$,并应用引理 4.2.2,

$$V^2(x,y)=\frac{\sum_{j=1}^{m}|[f_j,w_1]|^2|[f_j,w_2]|^2}{\|w_1\|^2\|w_2\|^2}.$$

令 T 是框架的分解算子,即 $T:\mathbb{R}^n\to\mathbb{R}^m, T(x)=([x,f_k])_{k=1}^m$,但定义空间$\mathbb{R}^m$上的范数是$\ell^4$范数,因此 T 的算子范数$\Lambda_{\mathcal{F}}$为

$$\Lambda_{\mathcal{F}}:=\left(\max_{\|x\|=1}\sum_{k=1}^{m}|[x,f_k]|^4\right)^{1/4}.$$

利用它,可以得到上界,即

$$\begin{aligned}V(x,y)&\leqslant\left(\sup_{\|e_1\|=1,\|e_2\|=1}\sum_{j=1}^{m}|[f_j,e_1]|^2|[f_j,e_2]|^2\right)^{1/2}\\&=\left(\max_{e=1}\sum_{j=1}^{m}|[f_j,e]|^4\right)^{1/2}\\&=\Lambda_{\mathcal{F}}^2.\end{aligned}$$

而且

$$\Lambda_{\mathcal{F}}^2=\max_{\|x\|=1}\lambda_{\max}(R(x)),$$

其中,$R(x)$如式(4.1.2)中定义的.

固定 $x\neq0$ 并令 $d(x,y)\to0$,则要么 $y\to x$,要么 $y\to-x$.不失一般性,假设 $y\to x$,则 $w_1=x-y\to0$ 且 $w_2=x+y\to2x$.但 $w_1/\|w_1\|$ 可以是任何的单位向量.所以

$$\begin{aligned}\mu^2(x)&=\frac{1}{\|x\|^2}\inf_{\|u\|=1}\sum_{j=1}^{m}|[f_j,x]|^2|[f_j,u]|^2\\&=\frac{1}{\|x\|^2}\inf_{\|u\|=1}[R(x)u,u]\\&=\frac{1}{\|x\|^2}\lambda_{\min}(R(x)).\end{aligned}$$

从而得到

$$\mu^2(x)=\frac{1}{\|x\|^2}\lambda_{\min}(R(x)),\quad \mu_0^2=\min_{\|u\|=1}\lambda_{\min}(R(u)).$$

另一方面,

$$\begin{aligned}\inf_{d(x,y)>0}V^2(x,y)&=\inf_{w_1,w_2\neq0}\frac{\sum_{j=1}^{m}|[f_j,w_1]|^2|[f_j,w_2]|^2}{\|w_1\|^2\|w_2\|^2}\\&=\min_{\|u\|=1}\lambda_{\min}(R(u))\\&=a_0^2,\end{aligned}$$

其中,a_0 如式(4.1.3)所定义的.综上所述,证明了如下定理.

定理 4.2.3　假设框架$\mathcal{F}$是可相位恢复的，则

$$\mu(x)=\frac{1}{\|x\|}\sqrt{\lambda_{\min}(R(x))},$$

$$\mu_\infty=\mu_0=\min_{u:\|u\|=1}\sqrt{\lambda_{\min}(R(u))}=\sqrt{a_0}.$$

进一步，M_F 是双 Lipschitz 的，其上界是 $\Lambda_{\mathcal{F}}^2$，下界是 $\sqrt{a_0}$，有

$$\sqrt{a_0}\,d_1(x,y)\leqslant\|M_F(x)-M_F(y)\|\leqslant\Lambda_{\mathcal{F}}^2 d_1(x,y).$$

4.3 复信号相位恢复的稳定性

本节介绍复信号相位恢复稳定性的一些结论. 这里的复信号是指一个 n 维的复希尔伯特空间$\mathcal{H}$中的信号，可以是但不局限于$\mathbb{C}^n$. 相关文献可参阅[5,8].

若$\mathcal{H}$上的变换 G 满足 $G^2=1$ 和$[Gx,Gy]=[y,x]$，则称 G 是$\mathcal{H}$上的共轭变换[37]. 共轭变换具有如下性质：

(1) $[Gx,y]=[Gy,x]$；

(2) $G(x+y)=G(x)+G(y)$；

(3) $G(\alpha x)=\bar{\alpha}\cdot G(x)$，$\alpha\in\mathbb{C}$.

令 $B(\mathcal{H})$是$\mathcal{H}$上的有界线性算子集合. 当 $1\leqslant p\leqslant\infty$时，定义 $T\in B(\mathcal{H})$ 的 p 范数是 T 的奇异值向量的 p 范数. 特别的，当 $p=1$ 时，范数$\|T\|_1$ 称作 T 的核范数；当 $p=2$ 时，范数$\|T\|_2=\sqrt{\mathrm{tr}(T^*T)}$是 T 的 Frobenius 范数；当 $p=\infty$时，范数$\|T\|_\infty$就是 T 的算子范数，仍记为$\|T\|$. 若两个算子 $T,S\in B(\mathcal{H})$，定义它们的 Hilbert-Schmidt 内积为$[T,S]_{HS}=\mathrm{Tr}(TS^*)$，其中 S^* 是 S 的伴随算子. 在不引起混淆的情况下，会省略内积的下标.

对每一个框架向量 f_k，用 F_k 表示与它对应的秩 1 算子，即

$$F_k:\mathcal{H}\to\mathcal{H},F_k(x)=\langle x,f_k\rangle f_k. \tag{4.3.1}$$

一般情况下，与向量 $x\in\mathcal{H}$对应的秩 1 算子为 $X:\mathcal{H}\to\mathcal{H}$，$X=xx^*$. 作用在向量 v 上是 $X(v)=[v,x]x$. 用 x^* 表示 x 的对偶，即 $x^*:\mathcal{H}\to\mathbb{C}$，$x^*(v)=[v,x]$. 算子 X 的秩最高为 1. 特别的，X 的秩是 1 当且仅当 $x\neq0$. 对任意两个向量 $u,v\in\mathcal{H}$，定义它们的对称外积$[\![u,v]\!]$为

$$[\![u,v]\!]:\mathcal{H}\to\mathcal{H},[\![u,v]\!]=\frac{1}{2}(uv^*+vu^*),$$

$$[\![u,v]\!](x)=\frac{1}{2}([x,u]v+[x,v]u).$$

从而与 x 相关的秩 1 算子可以写为 $[\![x,x]\!]$. 特别的, $F_k=[\![f_k,f_k]\!]$. 注意, 算子 $[\![u,v]\!]$ 是 $\mathbb{R}$ 双线性的, 但不是 $\mathbb{C}$ 双线性的. 而且, 它还是对称的, $[\![u,v]\!]=[\![v,u]\!]$. 同式(4.2.6)类似, 用 $\mathcal{A}$ 表示 $\mathcal{H}$ 上的算子:

$$\mathcal{A}:B(\mathcal{H})\to\mathbb{C}^n,(\mathcal{A}(T))_k=[Tf_k,f_k]=\mathrm{Tr}(TF_k),\quad 1\leqslant k\leqslant m.$$

从而有 $(\mathcal{A}(T))_k=[T,F_k]$. 并且 $M_F(x)=A(X)$, 其中 $X=xx^*$ 是与 x 相关的秩 1 算子.

令 $\mathrm{Sym}(\mathcal{H})$ 表示 $\mathcal{H}$ 上的自伴算子集合, 即 $\mathrm{Sym}(\mathcal{H})=\{T\in B(\mathcal{H}), T^*=T\}$. 令 $S^{p,q}$ 是 $\mathrm{Sym}(\mathcal{H})$ 中最多有 p 个正特征值和 q 个负特征值的算子集合:

$$S^{p,q}=\{T\in\mathrm{Sym}(\mathcal{H}),Sp(T)=\{\lambda_1,\cdots,\lambda_n\},$$
$$\lambda_1\geqslant\cdots\geqslant\lambda_p\geqslant0=\lambda_{p+1}=\cdots=\lambda_{n-q}\geqslant\lambda_{n-q+1}\geqslant\cdots\geqslant\lambda_n\},$$

其中, $Sp(T)$ 表示 T 的特征值. 集合 $S^{p,q}$ 并不是一个线性空间, 但它是 $B(\mathcal{H})$ 中的锥. 关于锥的定义可参看第 1 章. 令 $\dot{S}^{p,q}$ 是 $S^{p,q}$ 中秩为 $p+q$ 的算子集合. 空间 $\mathcal{H}$ 上所有的可逆线性算子按照乘法形成了一个群, 记为 $GL(\mathcal{H})$. 集合 $S^{p,q}$ 具有如下性质:

引理 4.3.1[5] (1) 对任意的 $p_1\leqslant p_2$ 和 $q_1\leqslant q_2$, 都有 $S^{p_1,q_1}\subseteq S^{p_2,q_2}$.

(2) 对任意的非负整数 p,q 有下面的分解.

$$S^{p,q}=\bigcup_{r=0}^{p}\bigcup_{s=0}^{q}\dot{S}^{r,s}$$

其中, $\dot{S}^{0,0}=S^{0,0}=\{0\}$, 且当 $p+q>n$ 时, $\dot{S}^{p,q}=\varnothing$.

(3) 对任意非负整数 p,q, 都有

$$-S^{p,q}=S^{q,p}.$$

(4) 对任意的 $T\in B(H)$ 和非负整数 p,q, 都有

$$TS^{p,q}T^*\subseteq S^{p,q}.$$

当 T 可逆时, 上式中的包含关系变为等号.

(5) 对任意的 $X,Y\in\dot{S}^{p,q}$, 都存在一个可逆算子 $T\in GL(H)$, 使得 $Y=TXT^*$.

(6) 对任意整数 p,q,r,s, 都有

$$S^{p,q}+S^{r,s}=S^{p,q}-S^{s,r}=S^{p+r,q+s}.$$

特别的, 有 $S^{1,1}=S^{1,0}-S^{1,0}=S^{1,0}+S^{0,1}$.

本节研究复信号相位恢复稳定性的方法主要是把复空间实化. 下面介绍文献[5]中的实化方法. 假设 $G:\mathcal{H}\to\mathcal{H}$ 是共轭变换, 把 n 维复空间 $\mathcal{H}$ 实化为一个 $2n$ 维的实向量空间 $\mathcal{H}_{\mathbb{R}}$, 它是 $\mathcal{H}\times\mathcal{H}$ 的一个子集. 令 $v_R=\frac{1}{2}(v+G(v))$ 且 $v_I=\frac{1}{2i}(v-G(v))$, 则实化后空间定义为

$$\mathcal{H}_{\mathbb{R}}=\left\{\left(\frac{1}{2}(v+G(v)),\frac{1}{2i}(v-G(v))\right),v\in\mathcal{H}\right\}.$$

定义如下算子：

$$j:\mathcal{H}\to\mathcal{H}\times\mathcal{H},\mathrm{j}(v)=\left(\frac{1}{2}(v+G(v)),\frac{1}{2i}(v-G(v))\right),$$

则$\mathcal{H}_{\mathbb{R}}$是算子 j 的象空间. j 的逆算子为

$$j^{-1}:\mathcal{H}_{\mathbb{R}}\to\mathcal{H},j^{-1}(u,v)=u+iv.$$

定义线性算子 J 如下：

$$J:\mathcal{H}\times\mathcal{H}\to\mathcal{H}\times\mathcal{H},J(v,w)=(-w,v).$$

它具有性质 $J(j(v))=j(iv)$. 在$\mathcal{H}_{\mathbb{R}}$上定义内积

$$\begin{aligned}[j(v),j(w)]:&=\left[\frac{1}{2}(v+G(v)),\frac{1}{2}(w+G(w))\right]\\&\quad+\left[\frac{1}{2i}(v-iG(v)),\frac{1}{2i}(w-G(w))\right]\\&=\Re([u,v]).\end{aligned}$$

记$[v,w]_{\mathbb{R}}=\Re([v,w])$，则有

$$\begin{aligned}[u,v]&=[u,v]_{\mathbb{R}}-i[iu,v]_{\mathbb{R}}\\&=[u,v]_{\mathbb{R}}+i[u,iv]_{\mathbb{R}}\\&=[j(u),j(v)]+i[j(u),Jj(v)].\end{aligned}\tag{4.3.2}$$

固定 $a,b\in\mathcal{H}$，定义$\mathcal{H}$上的算子

$$T_{a,b}:\mathcal{H}\to\mathcal{H},T_{a,b}(x)=[x,a]b.$$

把上述算子实化为算子 $\widetilde{T}_{a,b}$：

$$\widetilde{T}_{a,b}:\mathcal{H}_{\mathbb{R}}\to\mathcal{H}_{\mathbb{R}},\widetilde{T}_{a,b}(u)=[u,j(a)]_{\mathbb{R}}j(b)+[u,j(ia)]_{\mathbb{R}}j(ib).$$

事实上，可以把任何 Sym($\mathcal{H}$)中的算子 T 实化：

$$\tau(T)(\xi)=j(T(j^{-1}(\xi))),\quad \xi\in\mathcal{H}_{\mathbb{R}}.$$

特别的，有

$$\begin{aligned}&\tau([\![x,x]\!])=[\![j(x),j(x)]\!]+[\![j(ix),j(ix)]\!]\in S^{2,0}(\mathcal{H}_{\mathbb{R}});\\&\tau([\![x,y]\!])=[\![j(x),j(y)]\!]+[\![j(ix),j(iy)]\!]\in S^{2,2}(\mathcal{H}_{\mathbb{R}}).\end{aligned}\tag{4.3.3}$$

利用算子 J，上式的第一个还可以写为

$$\tau(xx^*)=\xi\xi^*+J\xi\xi^*J^*,\quad \xi=j(x)\in\mathcal{H}_{\mathbb{R}}.$$

若$\mathcal{F}=\{f_1,\cdots,f_m\}$是$\mathcal{H}$中的一个框架，令

$$\Phi_k=\tau(f_kf_k^*)=\phi_k\phi_k^*+J\phi_k\phi_k^*J^*,$$

其中，$\phi_k=j(f_k)$. 事实上，它是 $F_k=[\![f_k,f_k]\!]$在 τ 下的象. 定义算子 R，有

$$R:\mathcal{H}_{\mathbb{R}}\rightarrow \mathrm{Sym}(\mathcal{H}_{\mathbb{R}}),R(\xi)=\sum_{k=1}^{m}\Phi_k\xi\xi^*\Phi_k. \tag{4.3.4}$$

上述算子与 Fisher 信息矩阵具有紧密的联系.接下来给出 $S^{1,1}$ 中算子的一些结论[5].

引理 4.3.2 (1) 对任意的 $T\in S^{1,1}$,存在向量 $u,v\in H$,使得

$$T=\frac{1}{2}(uv^*+vu^*)=[\![u,v]\!]. \tag{4.3.5}$$

若 T 的谱分解为 $T=a_1e_1e_1^*-a_2e_2e_2^*$,其中 $a_1,a_2\geqslant 0$ 且 $[e_k,e_j]=\delta_{k,j}$,则式(4.3.5)中的 u,v 可取为

$$u_0=\sqrt{a_1}e_1+\sqrt{a_2}e_2,\quad v_0=\sqrt{a_1}e_1-\sqrt{a_2}e_2.$$

(2) 若 $T=[\![u,v]\!]$,则 T 的迹和谱 $Sp(T)=\{a_+,a_-\}$ 可如下计算:

$$\mathrm{Tr}(T)=\Re([u,v])=[u,v]_{\mathbb{R}},$$

$$\mathrm{Tr}(T^2)=\frac{1}{4}([u,v])^2+([u,v])^2+2\|u\|^2\|v\|^2$$

$$=\frac{1}{2}(\|u\|^2\|v\|^2+[u,v]_{\mathbb{R}}^2-[iu,v]_{\mathbb{R}}^2),$$

$$a_+=\frac{1}{2}([u,v]_{\mathbb{R}}+\sqrt{\|u\|^2\|v\|^2-[iu,v]_{\mathbb{R}}^2})\geqslant 0,$$

$$a_-=\frac{1}{2}([u,v]_{\mathbb{R}}+\sqrt{\|u\|^2\|v\|^2-[iu,v]_{\mathbb{R}}^2})\leqslant 0.$$

算子 T 的核范数为

$$\|T\|_1=a_++|a_-|=\sqrt{\|u\|^2\|v\|^2-[iu,v]_{\mathbb{R}}^2}.$$

从而有 $T\in S^{1,1}$.

(3) 令 $T=xx^*-yy^*$,其中 $x,y\in H$,则 $T\in S^{1,1}$,且它的谱 $Sp(T)=\{b_+,b_-\}$和迹可如下计算:

$$\mathrm{Tr}(T)=\|x\|^2-\|y\|^2,$$

$$\mathrm{Tr}(T^2)=\|x\|^4+\|y\|^4-2|[x,y]|^2,$$

$$b_{\pm}=\frac{1}{2}(\|x\|^2-\|y\|^2)\pm\frac{1}{2}\sqrt{(\|x\|^2+\|y\|^2)^2-4|[x,y]|^2},$$

$$\|T\|_1=\sqrt{(\|x\|^2+\|y\|^2)^2-4|[x,y]|^2}.$$

证明:(1) 因为$[\![e_1,e_2]\!]=[\![e_2,e_1]\!]$,直接计算可得

$$[\![u_0,v_0]\!]=a_1e_1e_1^*+\sqrt{a_1a_2}[\![e_1,e_2]\!]-\sqrt{a_1a_2}[\![e_2,e_1]\!]-a_2e_2e_2^*$$

$$=a_1e_1e_1^*-a_2e_2e_2^*=T.$$

(2) 由 T 的定义和 $\mathrm{Tr}(vu^*)=[v,u]$ 可立即得到第一个等式. 对 T^2,有

$$T^2=\frac{1}{4}([v,u]vu^*+\|u\|^2vv^*+\|v\|^2uu^*+[u,v]uv^*).$$

再由式(4.3.2),就得到第二个等式. 最后两个等式是方程组

$$\begin{cases}a_+ + a_- = \mathrm{Tr}(T)\\ a_+^2 + a_-^2 = \mathrm{Tr}(T^2)\end{cases}$$

的解. 其中用到了

$$\begin{aligned}a_+a_-&=\frac{1}{4}(([u,v]_{\mathbb{R}})^2+([iu,v]_{\mathbb{R}})^2-\|u\|^2\|v\|^2)\\&=\frac{1}{4}(|[u,v]|^2-\|u\|^2\|v\|^2)\leqslant 0.\end{aligned}$$

(3) 由(1)和(2)的结论并经简单计算可得.

关于实化算子 τ,有下面的结论[5].

引理 4.3.3　(1) 令 P 是$\mathcal{H}$上的秩为 k 的正交投影. 则 $\tau(P)$ 是 $H_{\mathbb{R}}$ 上的秩为 $2k$ 的正交投影. 进一步,若 $\{e_1,\cdots,e_k\}$ 是 P 的象空间的标准正交基,则 $\{j(e_1),\cdots,j(e_k),Jj(e_1),\cdots,Jj(e_k)\}$ 是 $\tau(P)$ 的象空间的标准正交基.

(2) 若 $T\in\mathrm{Sym}(H)$ 的谱为 $(a,a,\cdots,a_n)$,则 $\tau(T)\in\mathrm{Sym}(H_{\mathbb{R}})$ 的谱为 $(a_1,a_1,a_2,a_2,\cdots,a_n,a_n)$.

(3) 对任意两个算子 $T,S\in\mathrm{Sym}(H)$,有 $\tau(T),\tau(S)\in\mathrm{Sym}(H_{\mathbb{R}})$,并且:

$$\mathrm{Tr}(\tau(T)\tau(S))=[\tau(T),\tau(S)]=2[T,S]=2\mathrm{Tr}(TS).$$

(4) 若 $1\leqslant p\leqslant\infty$,算子 $T\in\mathrm{Sym}(H)$ 和 $\tau(T)\in\mathrm{Sym}(H_{\mathbb{R}})$ 的 p 范数具有下述关系:

$$\|\tau(T)\|_p=2^{1/p}\|T\|_p,\quad p<\infty;$$
$$\|T\|=\|\tau(T)\|_\infty=\|T\|_\infty=\|T\|.$$

证明:(1) 应用式(4.3.3),可知结论对秩 1 的投影成立. 投影 $P=ee^*$ 的象为 $\tau(P)=\varepsilon\varepsilon^*+J\varepsilon\varepsilon^*J^*$,其中 $\varepsilon=j(e)$. 若 $\{e_1,\cdots,e_k\}$ 是 P 的象空间中的标准正交基,则

$$P=\sum_{l=1}^{k}e_le_l^*.$$

从而有

$$\tau(P)=\sum_{l=1}^{k}(\varepsilon_l\varepsilon_l^*+J\varepsilon_l\varepsilon_l^*J^*),$$

其中,$\varepsilon_l=j(e_l)$,$1\leqslant l\leqslant k$. 又因为

$$[J\varepsilon_l,J\varepsilon_s]=[\varepsilon_l,\varepsilon_s]=[e_l,e_s]_{\mathbb{R}}=\delta_{l,s},\quad [J\varepsilon_l,\varepsilon_s]=[ie_l,e_s]_{\mathbb{R}}=0,$$

所以 $\{\varepsilon_l,\cdots,\varepsilon_k,J\varepsilon_l,\cdots,J\varepsilon_k\}$ 是标准正交系. 又因为它张成了 $\tau(P)$ 的象空间,

所以它是标准正交基.从而$\tau(P)$是$H_{\mathbb{R}}$上的秩为$2k$的正交投影.

(2) 对算子T进行谱分解,得到

$$T=\sum_{k=1}^{r}b_kP_k\mapsto\tau(T)=\sum_{k=1}^{r}b_k\tau(P_k),\tag{4.3.6}$$

其中,$P_1,\cdots,P_r$是谱投影,且$b_1,\cdots,b_r$是它们对应的不同特征值.对所有的$k\neq l$,有$P_kP_l=0$,所以$\tau(P_k)\tau(P_l)=0$.这说明式(4.3.6)的第二个等式恰好是算子$\tau(T)$的谱分解.并且b_k是$\tau(T)$的特征值,且重数是T特征值重数的两倍.

(3) 只需证明$\mathrm{Tr}(\tau(T)\tau(S))=2\mathrm{Tr}(TS)$.固定$H$中的一个标准正交基$\{e_1,\cdots,e_n\}$.由(1)知,$\{j(e_1),\cdots,j(e_n),Jj(e_1),\cdots,Jj(e_n)\}$是$H_{\mathbb{R}}$的一个标准正交基.因为$Jj(e_k)=j(ie_k)$,所以

$$\begin{aligned}\mathrm{Tr}(\tau(T)\tau(S))&=\sum_{k=1}^{n}[\tau(S)j(e_k),\tau(T)j(e_k)]+[\tau(S)Jj(e_k),\tau(T)Jj(e_k)]\\&=\sum_{k=1}^{n}[Se_k,Te_k]+[Sie_k,Tie_k]\\&=2\sum_{k=1}^{n}[Se_k,Te_k]\\&=2\mathrm{Tr}(TS).\end{aligned}$$

(4) 由(2),对$1\leqslant p\leqslant\infty$,有

$$\begin{aligned}\|\tau(T)\|_p&=(|a_1|^p+|a_1|^p+\cdots+|a_n|^p+|a_n|^p)^{1/p}\\&=2^{1/p}(|a_1|^p+\cdots+|a_n|^p)^{1/p}\\&=2^{1/p}\|T\|_p.\end{aligned}$$

当$p=\infty$时,

$$\begin{aligned}\|\tau(T)\|_\infty&=\max\{|a_1|,|a_1|,\cdots,|a_n|,|a_n|\}\\&=\max\{|a_1|,\cdots,|a_n|\}\\&=\|T\|_\infty.\end{aligned}$$

从而引理得证.

下面介绍在复情形下,测量算子的单射性质.首先,文献[43]给出了一个测量算子是单射的充分必要条件.

定理 4.3.1 在复相位恢复中,测量算子是单射当且仅当

$$\ker(\mathcal{A})\cap(S^{1,0}-S^{1,0}).$$

同时,还有下面测量算子是单射的充分必要条件.

定理 4.3.2[5] 令$\mathcal{H}$是一个n维的复希尔伯特空间.G是$\mathcal{H}\to\mathcal{H}$的一个共轭变换.则下列各条件等价.

(1) 测量算子是单射.

(2) 存在常数 $a_0>0$,对任意的 $u,v\in\mathcal{H}$,都有

$$\sum_{k=1}^{m}|[F_k,[\![u,v]\!]]|^2\geqslant a_0\|[\![u,v]\!]\|_1^2, \tag{4.3.7}$$

其中,$F_k=f_kf_k^*$.具体而言,有

$$\sum_{k=1}^{m}(\Re([u,f_k][f_k,v]))^2\geqslant a_0[\|u\|^2\|v\|^2-(\Im([u,v]))^2]. \tag{4.3.8}$$

(3) 存在常数 $a_0>0$,对任意的 $\xi\in\mathcal{H}_{\mathbb{R}}$,$\xi\neq0$, 都有

$$R(\xi)\geqslant a_0\|\xi\|^2P_{J\xi}^{\perp}, \tag{4.3.9}$$

其中,不等式是指在$\mathcal{H}_{\mathbb{R}}$上的二次型不等式,且 $P_{J\xi}^{\perp}$表示从$\mathcal{H}_{\mathbb{R}}$到 $J\xi$ 的正交补的正交投影,有

$$P_{J\xi}^{\perp}=I-\frac{1}{\|\xi\|^2}J\xi\xi^*J^*.$$

(4) 对任意的 $\xi\in\mathcal{H}_{\mathbb{R}}$,$\xi\neq0$,都有 $\mathrm{rank}(R(\xi))=2n-1$.

因为(2)和(4)中的常数 a_0 可以选择得一样,所以使用了同样的符号,它将在稳定性的分析中发挥重要作用.定理的(3)和(4)说明了最优的常数 a_0是

$$a_0^{opt}=\min_{\xi\in H_{\mathbb{R}},\|\xi\|=1}a_{2n-1}(R(\xi)),$$

其中,$a_{2n-1}(R(\xi))$表示 $R(\xi)$的次小特征值.

证明:(1)⇔(2).根据定理 4.3.1,测量算子是单射当且仅当 $\ker(\mathcal{A})\cap(S^{1,0}-S^{1,0})=\{0\}$.再由引理 4.3.1 的(6)和式(4.3.5)得到,测量算子是单射当且仅当对任意的 $u,v\in H$,当$[\![u,v]\!]\neq0$ 时,有$\mathcal{A}([\![u,v]\!])\neq0$. 根据$\mathcal{A}$的定义,有

$$\sum_{k=1}^{m}|[F_k,[\![u,v]\!]]|^2>0.$$

现在考虑在核范数下,集合 $S^{1,1}$上的单位球面 $S_1^{1,1}$,它是 $\mathrm{Sym}(H)$中的紧集.令

$$a_0=\min_{T\in S_1^{1,1}}\sum_{k=1}^{m}|[F_k,T]|^2,$$

利用齐次性,就得到了式(4.3.7).根据定义有

$$[F_k,[\![u,v]\!]]=\frac{1}{2}([u,f_k][f_k,v]+[v,f_k][f_k,u])=\Re([u,f_k][f_k,v]).$$

由引理 4.3.2 的(2),

$$\|[\![u,v]\!]\|_1^2=\|u\|^2\|v\|^2-[iu,v]_{\mathbb{R}}^2=\|u\|^2\|v\|^2-(\Im([u,v]))^2.$$

综合上述等式,就得到了(1)和(2)的等价性.

(2)⇔(3).由引理4.3.3,得到式(4.3.7)等价于

$$\sum_{k=1}^{m}|[\tau(F_k),\tau([\![u,v]\!])]|^2\geqslant 4a_0[\|u\|^2\|v\|^2-(\Re([iu,v]))^2]. \tag{4.3.10}$$

应用式(4.3.3),得到

$$\tau(F_k)=[\![\phi_k,\phi_k]\!]+[\![J\phi_k,]\!]J\phi_k=[\![\phi_k,\phi_k]\!]+J[\![\phi_k,\phi_k]\!]J^*$$

和

$$\tau([\![u,v]\!])=[\![\xi,\eta]\!]+[\![J\xi,J\eta]\!]=[\![\xi,\eta]\!]+J[\![\xi,\eta]\!]J^*.$$

其中,$\phi_k=j(f_k)$,$\xi=j(u)$,$\eta=j(v)$,J^*是J的伴随算子.因为$J^*=-J$,简单计算可知

$$[\tau(F_k),[\![J\xi,J\eta]\!]]=[\tau(F_k),[\![\xi,\eta]\!]].$$

所以有

$$\begin{aligned}[\tau(F_k),\tau([\![u,v]\!])]&=2[\phi_k\phi_k^*+J\phi_k\phi_k^*J^*,[\![\xi,]\!]\eta]\\&=2[[\xi,\phi_k][\phi_k,\eta]+[\xi,J\phi_k][J\phi_k,\eta]].\end{aligned}$$

再由$R(\xi)$的定义,有

$$\begin{aligned}[\tau(F_k),\tau([\![u,v]\!])]=2[\Phi_k\xi,\eta]\Rightarrow\sum_{k=1}^{m}|[\tau(F_k),\tau([\![u,v]\!])]|^2\\=4[R(\xi)\eta,\eta].\end{aligned}$$

注意到$\|u\|=\|\xi\|$,$\|v\|=\|\eta\|$,且$\Re([iu,v])=[iu,v]_{\mathbb{R}}=[J\xi,\eta]$,从而有

$$\begin{aligned}\|u\|^2\|v\|^2-(\Re([iu,v]))^2&=\|\xi\|^2\|\eta\|^2-([J\xi,\eta])^2\\&=[(\|\xi\|^2I-J\xi\xi^*J^*)\eta,\eta].\end{aligned}$$

将其代入式(4.3.10),就得到了式(4.3.9).

(3)⇔(4).首先假设对$\xi\neq 0$,都有$\mathrm{rank}(R(\xi))=2n-1$.直接计算可以得到$R(\xi)(J\xi)=0$,因此$J\xi$是$\ker(R(\xi))$的生成元.从而存在$a=a(\xi)>0$,使得

$$R(\xi)\geqslant a(\xi)P_{J\xi}^{\perp}.$$

其中,$a(\xi)$是$R(\xi)$最小的非零特征值.因为矩阵的特征值连续地依赖于矩阵的元素,所以$a(\xi)$是ξ的连续函数.令$a_0=\min_{\|\xi\|=1}a(\xi)$,因为最小值是在单位圆上取到的,所以$a_0>0$.利用$R(\xi)$的2阶齐次性,得到

$$a(\xi)=\|\xi\|^2a\left(\frac{\xi}{\|\xi\|}\right)\geqslant a_0\|\xi\|^2,$$

这就证明了式(4.3.9).反之,若式(4.3.9)成立,则$R(\xi)$的秩最小为$2n-1$.因为$J\xi$在$R(\xi)$的核空间里,所以$R(\xi)$的秩只能是$2n-1$.

假设$\mathcal{F}=\{f_k\}_{k=1}^m$是复希尔伯特空间$\mathcal{H}$的一个框架，回顾测量算子

$$M_F(x)=(|[x,f_k]|)_{k=1}^m=\mathcal{A}(xx^*).$$

下面介绍用框架 F 进行相位恢复时的稳定性. 特别的，要估计下面一个比值的上下界：

$$U(x,y)=\frac{\|\mathcal{A}(xx^*)-\mathcal{A}(yy^*)\|^2}{\|xx^*-yy^*\|_1^2}.$$

因为存在 $u,v\in H$，使得 $xx^*-yy^*=[\![u,v]\!]\in S^{1,1}$，所以

$$\sup_{x,y\in H}U(x,y)=\sup_{u,v\in H}\frac{\sum_{k=1}^m|[F_k,[\![u,v]\!]]|^2}{\|[\![u,v]\!]\|_1^2},$$

$$\inf_{x,y\in H}U(x,y)=\inf_{u,v\in H}\frac{\sum_{k=1}^m|[F_k,[\![u,v]\!]]|^2}{\|[\![u,v]\!]\|_1^2}.$$

上式中的比值还可进一步化简为

$$\frac{\sum_{k=1}^m|[F_k,[\![u,v]\!]]|^2}{\|[\![u,v]\!]\|_1^2}=\frac{[R(\xi)\eta,\eta]}{\|\xi\|^2[P_{J\xi}^{\perp}\eta,\eta]},$$

其中，$\xi=j(u)$，$\eta=j(v)$. 因为 $R(\xi)\eta=R(\xi)P_{J\xi}^{\perp}\eta$，所以有

$$\sup_{\xi,\eta\neq0}\frac{[R(\xi)\eta,\eta]}{\|\xi\|^2[P_{J\xi}^{\perp}\eta,\eta]}=\sup_{\xi\neq0}\frac{\|R(\xi)\|}{\|\xi\|^2}=\max\nolimits_{\xi\in H_{\mathbb{R}},\|\xi\|=1}\|R(\xi)\|,$$

且

$$\inf_{\xi,\eta\neq0}\frac{[R(\xi)\eta,\eta]}{\|\xi\|^2[P_{J\xi}^{\perp}\eta,\eta]}=a_0^{\text{opt}}.$$

从而证明了如下结论.

定理 4.3.3.[5]　若测量算子是单射，则映射 $\mathcal{A}:S^{1,0}\to\mathbb{R}^m$ 是从$(S^{1,0},\|\cdot\|_1)$到$(\mathbb{R}^m,\|\cdot\|)$上的双 Lipschitz 映射，其上界为

$$B_0=\sqrt{\max\nolimits_{\xi\in H_{\mathbb{R}},\|\xi\|=1}\|R(\xi)\|},$$

下界为

$$A_0=\sqrt{a_0^{opt}}=\sqrt{\min\nolimits_{\xi\in H_{\mathbb{R}},\|\xi\|=1}a_{2n-1}(R(\xi))}.$$

也就是对任意的 $x,y\in\mathcal{H}$，都有

$$A_0\|xx^*-yy^*\|_1\leqslant\|\mathcal{A}(xx^*)-\mathcal{A}(yy^*)\|\leqslant B_0\|xx^*-yy^*\|_1.$$

4.4 Cramer-Rao 稳定性

假设 $\varphi(x):\mathbb{R}^n\mapsto\mathbb{R}^m$ 是一个可微向量函数. 考虑下述回归模型:

$$Y=\varphi(x)+Z, \tag{4.4.1}$$

其中,Z 是期望为 0、协方差矩阵为 $\sigma^2 I$ 的高斯随机向量;Y 是已知的测量值向量. 这里的目的在于通过 Y 的值估计出信号 x 的值. 按照不同的需要,对 x 的估计可能有多种方法. 在寻找最佳估计量的时候,需要采用某些最佳的准则. 一个很自然的准则是均方误差准则. 用符号$\mathbb{E}$表示取期望,则均方误差定义为

$$\mathrm{MSE}(\hat{x})=\mathbb{E}[(\hat{x}-x)^2].$$

均方误差是估计量偏离真值的一个度量. 它可进一步分解为方差和偏差,有

$$\mathrm{MSE}(\hat{x})=\mathrm{Var}(\hat{x})+\mathrm{bias}(\hat{x}).$$

当偏差为零时称 $\hat{x}$ 为无偏估计. 此时,均方误差就变成了方差. 估计量的一种选择策略是寻找无偏且方差最小的估计量,它被称为最小方差无偏估计(MVU). 寻找最小方差无偏估计的一个有效方法是借助 Cramer-Rao 下限来寻找. 此外,Cramer-Rao 下限也用来衡量估计算法的优劣. Cramer-Rao 下限在高维情况下通常用 Fisher 信息矩阵来表示. 假设 $p(y;x)$ 是随机向量 Y 的密度函数,其中 x 是参数向量,则 Fisher 信息矩阵按照矩阵元素定义为

$$(\mathbb{I}(x))_{m,\ell}=-\mathbb{E}\left[\frac{\partial\ln p(y;x)}{\partial x_m}\frac{\partial\ln p(y;x)}{\partial x_\ell}\right].$$

从定义可以看出 Fisher 信息矩阵是参数 x 的函数. 一般的,要估计 x 的 r 维向量函数 $g(x)$,有下面的定理.

定理 4.4.1 若参数 x 属于$\mathbb{R}^n$中的开区域 Θ,且满足以下条件:

(1) 对任意 $y\in\mathfrak{X},x\in\Theta$,都有 $p(y;x)>0$.

(2) 对任意 $y\in\mathfrak{X},x\in\Theta,\partial p(y;x)/\partial x_j$ 都存在,且

$$\int_{\mathfrak{X}}\frac{\partial p(y;x)}{\partial x_j}\mathrm{d}y=0,\quad 1\leqslant j\leqslant n.$$

(3) 记 $S_j(y;x)=\partial\ln p(y;x)/\partial x_j$,则

$$\mathbb{E}|S_i(y;x)S_j(y;x)|<\infty.$$

若记 $c_{i,j}=\mathbb{E}(S_i(y;x)S_j(y;x))$,则 Fisher 信息矩阵

$$\mathbb{I}(x)=(c_{i,j}(x))_{i=1,j=1}^{n,n}$$

是正定的.

若 $\hat{\delta}(x)$ 是函数 $g(x)$ 的估计,且可以在 $\int_{\mathfrak{X}}\hat{\delta}_i(y)p(y;x)\mathrm{d}y$ 积分号下对

$x_1,\cdots,x_n$ 求偏导数,则

$$\mathrm{Cov}(\hat{\delta})\geqslant D(x)\mathbb{I}^{-1}(x)D^{\mathrm{T}}(x),$$

其中,$D(x)$为 $r\times n$ 矩阵,其(i,j)元为 $\partial g_i(x)/\partial x_j$.

如果对 Fisher 信息矩阵的要求放宽,有下面的定理.

定理 4.4.2　若参数 x 属于$\mathbb{R}^n$中的开区域 Θ,且满足以下条件:

(1) 对任意 $y\in\mathfrak{X},x\in\Theta$,都有 $p(y;x)>0$.

(2) 对任意 $y\in\mathfrak{X},x\in\Theta,\partial p(y;x)/\partial x_j$ 都存在,且

$$\int_{\mathfrak{X}}\frac{\partial p(y;x)}{\partial x_j}\mathrm{d}y=0,\quad 1\leqslant j\leqslant n.$$

(3) 记 $S_j(y;x)=\partial\ln p(y;x)/\partial x_j$,则$\mathbb{E}|S_i(y;x)S_j(y;x)|<\infty$,且 Fisher 信息矩阵$\mathbb{I}(x)$是半正定的.

若 $\hat{\delta}(x)$是函数 $g(x)$的估计,且可以在 $\int_{\mathfrak{X}}\hat{\delta}_i(y)p(y;x)\mathrm{d}y$ 积分号下对 $x_1,\cdots,x_n$ 求偏导数,则

$$\mathrm{Cov}(\hat{\delta}(x))\geqslant D(x)\mathbb{I}^{\dagger}(x)D(x)^{\mathrm{T}},\tag{4.4.2}$$

其中,$\mathbb{I}^{\mathbb{R}}(x)$是 Fisher 信息矩阵$\mathbb{I}(x)$的 Moore-Penrose 伪逆,$D(x)$为 $r\times n$ 矩阵,其(i,j)元为 $\partial g_i(x)/\partial x_j$.

证明:定义向量值函数 $S=(S_1,S_2,\cdots,S_n)^{\mathrm{T}}$,其中 $S_j=\partial p(y;x)/\partial x_j$. 条件(2)说明了$\mathbb{E}[S]=0$. 由条件(3),协方差矩阵 $\mathrm{Cov}(S)$存在且是 Fisher 信息矩阵$\mathbb{I}(x)$. 加在估计 $\hat{\delta}(x)$上的条件使得

$$\mathrm{Cov}\left(\hat{\delta}_i(y),\frac{\partial p(y;x)}{\partial x_j}\right)=\frac{\partial g_i(x)}{\partial x_j}.$$

因此,得到

$$0\leqslant\mathrm{Cov}\begin{pmatrix}\hat{\delta}\\S\end{pmatrix}=\begin{pmatrix}\mathrm{Cov}(\hat{\delta}) & D(x)\\D(x)^{\mathrm{T}} & \mathbb{I}(x)\end{pmatrix}.$$

因为$\mathbb{I}(x)$是半正定的且集合 Θ 是开集,所以得到了不等式(4.4.2). 事实上,若不然,则存在非零向量 ξ,使得

$$\xi^{\mathrm{T}}\mathrm{Cov}(\hat{\delta})\xi-\xi^{\mathrm{T}}D(x)\mathbb{I}^{\dagger}(x)D(x)^{\mathrm{T}}\xi<0.$$

取 $\eta=(\xi^{\mathrm{T}},(-\mathbb{I}^{\dagger}(x)D(x)^{\mathrm{T}}\xi)^{\mathrm{T}})^{\mathrm{T}}$,利用矩阵乘法,得到了

$$\eta^{\mathrm{T}}\mathrm{Cov}\begin{pmatrix}\hat{\delta}\\S\end{pmatrix}\eta=\xi^{\mathrm{T}}\mathrm{Cov}(\hat{\delta})\xi-\xi^{\mathrm{T}}D(x)\mathbb{I}^{\dagger}(x)D(x)^{\mathrm{T}}\xi<0.$$

这与 $\mathrm{Cov}\begin{pmatrix}\hat{\delta}\\S\end{pmatrix}\geqslant 0$ 矛盾.

由模型(4.4.1)的假设,随机变量 Y 的密度函数为

$$p(y,x)=\frac{1}{(2\pi\sigma^2)^{m/s}}e^{\frac{2}{2\sigma^2}\|y-\varphi(x)\|^2},\quad y\in\mathfrak{X},x\in\Theta,$$

其中，$\mathfrak{X}$ 是 y 的一切可能取值的集合，Θ 是参数空间. 通过常规的计算，Fisher 信息矩阵的元素 $(\mathbb{I}(x))_{m,\ell}$ 具有下面的形式：

$$(\mathbb{I}(x))_{m,\ell}=\frac{1}{\sigma^2}\sum_{j=1}^{m}\frac{\partial}{\partial x_m}\varphi_j(x)\frac{\partial}{\partial x_\ell}\varphi_j(x), \tag{4.4.3}$$

其中，$\varphi_j(x)$ 是 $\varphi(x)$ 的第 j 个分量.

接下来考虑实相位恢复的 Cramer-Rao 下界(CRLB). 在 H 中固定一个方向 e. 对信号 x 做如下限制：① 假设 x 不正交于 e，即 $[x,e]\neq0$；② 假设已知内积的符号，如 $[x,e]>0$，上述假设可以使得相位恢复的结果是唯一的. 因此 $x\in\Theta\subseteq H$，其中 Θ 是 H 的上半平面. 因为它是一个凸锥，所以可以计算在此凸锥上的 CRLB. 直接计算可得，信息矩阵 $\mathbb{I}(x)$ 也具有如下形式

$$(\mathbb{I}(x))_{k,j}=-\mathbb{E}\left[\frac{\partial^2\ln p(y;x)}{\partial x_k\partial x_j}\right].$$

在实相位恢复时，$x\in\mathbb{R}^n$ 且 $\varphi(x)=(|[x,f_k]|^2)_{k=1}^{m}$. 用 x_k 和 $f_{l,k}$ 分别表示 x 和 f_l 的第 k 个分量. 计算导数得到

$$\begin{aligned}\frac{\partial(-\ln p(y;x))}{\partial x_k}&=\frac{1}{\sigma^2}\left[\varphi(x)-y,\frac{\partial\varphi(x)}{\partial x_k}\right]\\&=\frac{2}{\sigma^2}\sum_{l=1}^{m}[x,f_l](|[x,f_l]|^2-y_l)f_{l,k},\end{aligned}$$

和

$$\begin{aligned}\frac{\partial^2(-\ln p(y;x))}{\partial x_k\partial x_j}&=\frac{2}{\sigma^2}\sum_{l=1}^{m}f_{l,j}(|[x,f_i]|^2-y_l)f_{l,k}\\&\quad+\frac{4}{\sigma^2}\sum_{l=1}^{m}|[x,f_i]|^2f_{l,j}f_{l,k}.\end{aligned}$$

因为 $\mathbb{E}[y_l]=|[x,y_l]|^2$，所以得到

$$\mathbb{I}(x)=\frac{4}{\sigma^2}\sum_{l=1}^{m}|[x,f_l]|^2f_lf_l^{\mathrm{T}}=\frac{4}{\sigma^2}R(x), \tag{4.4.4}$$

其中，$R(x)$ 是式(4.1.2)定义的二次型. 利用定理 4.4.1，并令 $g(x)=x$，得到下述定理.

定理 4.4.3[7] 在实相位恢复中，模型(4.4.1)的 Fisher 信息矩阵由式(4.4.4)给出. 因此，x 的无偏估计 $\hat{\delta}(x)$ 的协方差矩阵具有 CRLB，如下：

$$\mathrm{Var}[\hat{\delta}(x)]\geqslant(I(x))^{-1}=\frac{\sigma^2}{4}(R(x))^{-1}.$$

进一步，$\hat{\delta}(x)$ 的条件均方误差为

$$\mathbb{E}[\|\hat{\delta}(x)-x\|^2|x]\geqslant\frac{\sigma^2}{4}\mathrm{Tr}\{(R(x))^{-1}\}.$$

若无偏估计 $\hat{\delta}(x)$ 的协方差矩阵达到了 CRLB. 则有

$$\mathrm{Cov}\,[\hat{\delta}(x)]\leqslant\frac{\sigma^2}{4a_0\|x\|^2}I,$$

并且均方误差有

$$\mathbb{E}[\|\hat{\delta}(x)-x\|^2\,|\,x]\leqslant\frac{n\sigma^2}{4a_0\|x\|^2}.$$

下面考虑复信号相位恢复的 CRLB. 仍然使用回归模型(4.4.1),但此时 x 属于复希尔伯特空间$\mathcal{H}$. 继续使用实化方法. 令 $\zeta=j(x)$. 且 $\Phi_k=\varphi_k\phi_k^*+J\phi_k\phi_k^*J^*\in S^{2,0}(H_{\mathbb{R}})$,其中 $\phi_k=j(f_k)$. 则此时模型(4.4.1)中的$\phi(\zeta)$是$([\Phi_k\zeta,\zeta])_{k=1}^m$. 从而密度函数为

$$p(y;\zeta)=\frac{1}{(2\pi)^{m/2}\sigma^m}\exp\left(-\frac{1}{2\sigma^2}\sum_{k=1}^m|\,y_k-[\Phi_k\zeta,\zeta]|^2\right)$$

如同实相位恢复时的情形,经过一些常规计算,可以得到

$$\mathbb{I}(\zeta)=\frac{4}{\sigma^2}\sum_{k=1}^m\Phi_k\zeta\zeta^*\Phi_k=\frac{4}{\sigma^2}R(\zeta),$$

其中,$R(\zeta)$如式(4.3.4)中定义的. 与实相位恢复时类似,需要有限制条件才能使得相位恢复是唯一的. 固定单位向量 $z_0\in H$,假设$[x,z_0]>0$. 令$\psi_0=j(z_0)\in H_{\mathbb{R}}$,则有

$$[\zeta,\psi_0]=\Re([x,z_0])>0,\quad[\zeta,J\psi_0]=\Im([x,z_0])=0,$$

其中,$\zeta=j(x)$. 令 Π 表示到 $J\psi_0$ 的正交补的正交投影,有

$$\Pi:H_{\mathbb{R}}\to E,\quad \Pi=1-J\psi_0\psi_0^*J^*,$$

其中,$E=\{J\psi_0\}^{\perp}$. 令 H_{z_0} 表示闭集,

$$H_{z_0}=\{\xi\in H_{\mathbb{R}},[\xi,\psi_0]\geqslant0,[\xi,J\psi_0]=0\}\subset E.$$

因为 ζ 在 H_{z_0} 的相对内部,所以 ζ 的估计都应该是如下形式的函数:

$$\hat{\delta}:\mathbb{R}^m\to H_{z_0}.$$

经过上述实化方法之后,Fisher 信息矩阵为

$$\tilde{\mathbb{I}}(\zeta):=\Pi\,\mathbb{I}(\zeta)\Pi=\frac{4}{\sigma^2}\sum_{k=1}^m\Pi\Phi_k\zeta\zeta^*\Phi_k\Pi.$$

下面的引理说明,在上述情况下$\tilde{\mathbb{I}}(\zeta)$在 H_{z_0} 上是可逆的,

引理 4.4.1[5]　假设测量算子是单射且存在 $z_0\in H$ 使得$[x,z_0]>0$,令 $\zeta=j(x)$,则

$$\tilde{\mathbb{I}}(\zeta):=\Pi\,\mathbb{I}(\zeta)\Pi\geqslant\frac{4}{\sigma^2}a_0\,|[x,z_0]|^2\Pi,\tag{4.4.5}$$

其中,$a_0=a_0^{\mathrm{opt}}$ 同式(4.3.7)中一致,而且它是最优的.

证明:应用式(4.3.4),式(4.4.5)的左边变为$\tilde{\mathbb{I}}(\zeta)=\frac{4}{\sigma^2}\Pi R(\zeta)\Pi$. 由定理 4.3.2 知,$R(\zeta)\geqslant a_0\|\zeta\|^2P_{J\zeta}^{\perp}$. 因此,只需证明

$$\|\zeta\|^2\Pi P_{J\zeta}^{\perp}\Pi\geqslant|[\zeta,\psi_0]|^2\Pi,$$

其中，$\psi_0=j(z_0)$. 不失一般性，假设 $\|\zeta\|=1$，则只需说明对任意的 $\xi\in E,\|\xi\|=1$，有

$$[P_{J\zeta}^{\perp}\xi,\xi]\geqslant|[\zeta,\psi_0]|^2.$$

这可从下式得到

$$\begin{aligned}\inf_{\|\xi\|=1,\xi\in E}1-|[\xi,J\zeta]|^2&=1-\max_{\|\xi\|=1,\xi\in E}|[\xi,J\zeta]|^2\\&=1-\left|\left[\frac{\Pi J\zeta}{\|\Pi J\zeta\|},J\zeta\right]\right|^2\\&=|[\zeta,\psi_0]|^2.\end{aligned}$$

其中最后一个等式是因为

$$\Pi J\zeta=J(\zeta-[\zeta,\psi_0]\psi_0),\quad \|\zeta-[\zeta,\psi_0]\psi_0\|^2=1-|[\zeta,\psi_0]|^2.$$

取

$$\zeta=\psi_0=\underset{\xi\in H_{\mathbb{R}},\|\xi\|=1}{\operatorname{argmin}}\ a_{2n-1}(R(\xi)).$$

则式(4.4.5)的下界可以取到. 所以界 a_0 是最优的.

利用上述引理，可得到复情况下协方差矩阵的下界.

定理 4.4.4[5] 若测量算子是单射，固定向量 $z_0\in H$. 对所有满足 $[x,z_0]>0$ 的向量 $x\in H$，它的无偏估计 $\hat{\delta}(x)$ 的协方差矩阵具有 CRLB 如下：

$$\operatorname{Cov}[\hat{\delta}(x)\mid\zeta=j(x)]\geqslant\frac{\sigma^2}{4}\Big(\sum_{k=1}^{m}\Pi\Phi_k\zeta\zeta^*\Phi_k\Pi\Big)^{\dagger},\qquad(4.4.6)$$

其中，$\dagger$ 表示 Moore-Penrose 伪逆. 特别的，估计 $\hat{\delta}(x)$ 的均方误差有下界，

$$\operatorname{MSE}(\hat{\delta}(x))=\mathbb{E}[\|x-\hat{\delta}(x)\|^2\mid\zeta=j(x)]\geqslant\frac{\delta^2}{4}\operatorname{Tr}\Big(\Big(\sum_{k=1}^{m}\Pi\Phi_k\zeta\zeta^*\Phi_k\Pi\Big)^{\dagger}\Big)$$

证明：记 $J\psi_0$ 在 $H_{\mathbb{R}}$ 中的正交补为 $\{J\psi_0\}^{\perp}$，则有 $E=\{J\psi_0\}^{\perp}\cap H_{\mathbb{R}}$. 若 E 有标准正交基 $\{e_1,\cdots,e_{2n-1}\}$，则 $\{e_1,\cdots,e_{2n-1},J\psi_0\}$ 是 $H_{\mathbb{R}}$ 的一个标准正交基. E 上向量的梯度 ∇_{ζ}^{E} 具有形式 $\nabla_{\zeta}^{E}=\Pi\,\nabla_{\zeta}$，这使得 Fisher 信息矩阵恰好就是式(4.4.5)中的 $\tilde{\mathbb{I}}(\zeta)$. 应用定理 4.4.1，则 $\hat{\delta}(x)$ 的协方差矩阵的下界是 $\tilde{I}(\zeta)$ 限制在 E 上的逆，这就证明了式(4.4.6). 又因为

$$\operatorname{MSE}(\hat{\delta}(x))=\operatorname{Tr}(\operatorname{Cov}[\hat{\delta}(x)\mid\zeta=\mathrm{j}(x)]),$$

所以协方差矩阵的下界也就得到了证明.

推论 4.4.1 若 $\hat{\delta}(x):\mathbb{R}^m\rightarrow H_0$ 是达到式(4.4.6)中下界的无偏估计，则其均方误差具有上界，

$$\operatorname{MSE}(\hat{\delta}(x))=\mathbb{E}[\|x-\hat{\delta}(x)\|^2\mid x]\leqslant\frac{(2n-1)\sigma^2}{4a_0^{opt}|[x,z_0]|^2}.$$

证明:若 $\hat{\delta}(x)$是无偏的且达到 CRLB,则

$$\mathrm{MSE}(\hat{\delta}(x)) = \frac{\sigma^2}{4}\mathrm{Tr}\left(\left(\sum_{k=1}^{m}\Pi\Phi_k\zeta\zeta^*\Phi_k\Pi\right)^{\dagger}\right) = \mathrm{Tr}((\widetilde{\mathbb{I}}(\zeta))^{\dagger}).$$

又因为 $\mathrm{Tr}(\Pi)=2n-1$,所以由式(4.4.5)就得到了推论的结论.

4.5　仿射相位恢复

仿射相位恢复是由 Bing Gao 等人在文献[36]中提出的,它的目的是从仿射测量值恢复信号.许多具有先验信息的相位恢复可以看成是仿射相位恢复,它在许多方面都有应用,如全息摄影.

本节记$\mathbb{H}$为实数域$\mathbb{R}$或复数域$\mathbb{C}$,给定向量 $a_j\in\mathbb{H}^d$,$b=(b_1,\cdots,b_m)^{\mathrm{T}}\in\mathbb{H}^m$.已知仿射测量值

$$|[a_j,x]+b_j|,\quad j=1,\cdots,m,$$

仿射相位恢复的目的是从中把信号 x 恢复出来.相位恢复得到的信号与真实信号相差一个整体相位,但仿射相位恢复在选择合适的恢复向量后却可以得到精确的信号.令 $A=(a_1,\cdots,a_m)^{\mathrm{T}}\in\mathbb{H}^{m\times d}$且 $b\in\mathbb{H}^m$,定义仿射测量算子 $\sqrt{M_{\mathrm{A,b}}}:\mathbb{H}^d\rightarrow\mathbb{H}^m$,

$$\sqrt{M_{\mathrm{A,b}}}(x)=(|[a_1,x]+b_1|,\cdots,|[a_m,x]+b_m|).\qquad(4.5.1)$$

如果 $\sqrt{M_{\mathrm{A,b}}}$是单射,称(A,b)是可仿射相位恢复的.与相位恢复类似,也定义仿射测量算子

$$M_{\mathrm{A,b}}(x):=(|[a_1,x]+b_1|^2,\cdots,|[a_m,x]+b_m|^2).\qquad(4.5.2)$$

假设要恢复的原始信号 $y\in\mathbb{H}^{d+k}$的前 k 个分量是已知的,则有 $y=(y_1,\cdots,y_k,x)$,其中 $y_1,\cdots,y_k$ 是已知的且 $x\in\mathbb{H}^d$.假设 $\tilde{a}_j=(a_{j1},\cdots,a_{jk},a_j)\in\mathbb{H}^{d+k}(j=1,\cdots,m)$是测量向量,则

$$|[\tilde{a}_j,y]|=|[a_j,x]+b_j|,$$

其中,$b_j:=a_{j1}y_1+\cdots+a_{jk}y_k$.若$(y_1,\cdots,y_k)$是非零向量,就可以借助于已知向量把$\mathbb{H}^{d+k}$上的相位恢复变为$\mathbb{H}^d$上的仿射相位恢复.

先讨论实情形的仿射相位恢复.令 $S\subset\{1,2,\cdots,m\}$,对测量矩阵 $A=(a_1,\cdots,a_m)^{\mathrm{T}}\in\mathbb{R}^{m\times d}$,用 A_S 表示指标是 S 的行所组成的子矩阵,即 $A_S:=(a_j:j\in S)^{\mathrm{T}}$.类似的,用 b_S 表示指标是 S 的分量组成 b 的子向量.对任何矩阵 B,用 $\mathrm{span}(B)$表示由 B 的列向量张成的子空间.从而对指标集 S,$\mathrm{span}(A_S)$表示由 A_S 的列向量所张成的子空间$\mathbb{R}^{\#S}$.

定理 4.5.1[36] 令 $A=(a_1,\cdots,a_m)^{\mathrm{T}}\in\mathbb{R}^{m\times d}$ 且 $b=(b_1,\cdots,b_m)^{\mathrm{T}}\in\mathbb{R}^m$，则下述各条等价：

(1) (A,b)在$\mathbb{R}^d$上是可相位恢复的.

(2) 测量算子 $M_{A,b}$在$\mathbb{R}^d$上是单射.

(3) 对任意的 $u,v\in\mathbb{R}^d$ 且 $u\neq 0$，总存在一个 k，$1\leqslant k\leqslant m$，使得

$$[a_k,u]([a_k,v]+b_k)\neq 0.$$

(4) 对任意的 $S\subset\{1,2,\cdots,m\}$，若 $b_S\in\mathrm{span}(A_S)$，则

$$\mathrm{span}(A_{S^c}^{\mathrm{T}})=\mathrm{span}\{a_j:j\in S^c\}=\mathbb{R}^d.$$

(5) 对所有的 $x\in\mathbb{R}^d$，测量算子 $M_{\mathrm{A,b}}$ 的 Jacobi 矩阵 $J(x)$ 的秩为 d.

证明：(1)和(2)的等价由定义给出.

(1)⇔(3). 假设存在$\mathbb{R}^d$中的向量 $x\neq y$，使得 $\sqrt{M_{A,b}}(x)=\sqrt{M_{A,b}}(y)$，则对任意的 j，都有

$$|[a_j,x]+b_j|^2-|[a_j,y]+b_j|^2=[a_j,x-y]([a_j,x+y]+2b_j).$$

令 $2u=x-y$，$2v=x+y$，则 $u\neq 0$ 且对所有的 j，有

$$[a_j,u]([a_j,v]+b_j)=0. \tag{4.5.3}$$

反之，若式(4.5.3)对所有的 j 都成立，令 $x,y\in\mathbb{R}^d$满足方程 $x-y=2u$ 和 $x+y=2v$，则 $x\neq y$，却有 $M_{\mathrm{A,b}}(x)=M_{\mathrm{A,b}}(y)$. 从而$(A,b)$是不可仿射相位恢复的.

(3)⇔(4). 假设(3)成立. 若对某个子集 $S\subset\{1,2,\cdots,m\}$，有 $b_S\in\mathrm{span}(A_S)$ 且，则存在 $u\neq 0$，使得对所有的 $j\in S^c$ 都有$[a_j,u]=0$. 又因为 $b_S\in\mathrm{span}(A_S)$，所以存在向量 $v\in\mathbb{R}^d$，对所有的$j\in S$，有$-b_j=[a_j,v]$. 从而对所有的$1\leqslant j\leqslant m$，得到

$$[a_j,u]([a_j,v]+b_j)=0.$$

这与假设矛盾. 反之，亦可类似证明.

(3)⇔(5). 测量算子 $M_{A,b}$在点 $v\in\mathbb{R}^d$的 Jacobi 矩阵 $J(v)$是

$$(([a_1,v]+b_1)a_1,([a_2,v]+b_2)a_2,\cdots,([a_m,v]+b_m)a_m).$$

也就是矩阵 $J(v)$的第 j 列是$([a_j,v]+b_j)a_j$，所以 $\mathrm{rank}(J(v))\neq d$ 当且仅当存在非零向量 $u\in\mathbb{R}^d$，使得

$$u^{\mathrm{T}}J(v)=([a_1,u]([a_1,v]+b_1),\cdots,[a_m,u]([a_m,v]+b_m))=0.$$

从而(3)和(5)是等价的.

利用上述定理，可以得到以下结论.

定理 4.5.2[36] 令 $A=(a_1,\cdots,a_m)^{\mathrm{T}}\in\mathbb{R}^{m\times d}$ 且 $b\in\mathbb{R}^m$，若 $m\leqslant 2d-1$，则(A,b)在$\mathbb{R}^d$上是不可仿射相位恢复的.

证明：分两种情形证明.

情形 1：$\mathrm{rank}(A)\leqslant d-1$. 这时，存在非零向量 $u\in\mathbb{R}^d$，使得 $[a_j,u]=0$，$1\leqslant j\leqslant m$. 所以对 $x\in\mathbb{R}^d$，都有

$$|[a_j,x]+b_j|^2=|[a_j,x+u]+b_j|^2,\quad 1\leqslant j\leqslant m.$$

这说明 $\sqrt{M_{A,b}}$ 不是单射.

情形 2：$\mathrm{rank}(A)=d$. 此时，存在元素个数为 d 的子集 $S_0\subset\{1,\cdots,m\}$，使得方阵 A_{S_0} 是满秩的. 这说明

$$b_{S_0}\in\mathrm{span}(A_{S_0}).$$

也就是说，存在向量 $v\in\mathbb{R}^d$，对所有的 $j\in S_0$ 都有 $[a_j,v]+b_j=0$. 因为 $m\leqslant 2d-1$ 且 $\# S_0=d$，所以有 $\# S_0^c=m-d\leqslant d-1$，其中 $S_0^c:=\{1,\cdots,m\}\backslash S_0$. 因此存在向量 $u\in\mathbb{R}^d$，使得 $u\perp\{a_j:j\in S_0^c\}$. 再由定理 4.5.1，得到此时测量算子不是单射.

如 4.1 节定义一般(generic)矩阵，则有如下结论.

定理 4.5.3[36]　若 $m\geqslant 2d$，则一般矩阵 $(A,b)\in\mathbb{R}^{m\times(d+1)}$ 是可仿射相位恢复的.

接下来介绍复情形下的仿射相位恢复. 对向量 $u=(u_1,\cdots,u_d)\in\mathbb{C}^d$，$v=(v_1,\cdots,v_d)\in\mathbb{C}^d$. 它们的内积为 $[u,v]:=\sum_{j=1}^{d}u_j\bar{v}_j$.

定理 4.5.4　若 $A=(a_1,\cdots,a_m)^{\mathrm{T}}\in\mathbb{C}^{m\times d}$ 且 $b=(b_1,\cdots,b_m)^{\mathrm{T}}\in\mathbb{C}^m$，则下列各条等价：

(1) (A,b) 在 $\mathbb{C}^d$ 上可仿射相位恢复.

(2) 测量算子 $M_{A,b}$ 是 $\mathbb{C}^d$ 上的单射.

(3) 对任意的 $u,v\in\mathbb{C}^d$ 且 $u\neq 0$，都存在一个 $1\leqslant k\leqslant m$ 使得

$$\Re([u,a_k]([a_k,v]+b_k))\neq 0.$$

(4) 若把 $M_{A,b}$ 看成是从 $\mathbb{R}^{2d}$ 到 $\mathbb{R}^m$ 的算子，则对所有的 $x\in\mathbb{R}^{2d}$，它的 Jacobi 矩阵 $J(x)$ 的秩是 $2d$.

证明：(1)和(2)的等价由定义给出.

(1)⇔(3). 假设存在 $\mathbb{C}^d$ 中的向量 $x\neq y$，使得 $M_{A,b}(x)=M_{A,b}(y)$. 因为对任意的 $a,b\in\mathbb{C}$，都有 $|a|^2-|b|^2=\Re((\bar{a}-b)(a+\bar{b}))$，因此，对任意的 j，都有

$$|[a_j,x]+b_j|^2-|[a_j,y]+b_j|^2=\Re([x-y,a_j]([a_j,x+y]+2b_j)).$$

令 $2u=x-y$ 且 $2v=x+y$，则 $u\neq 0$ 且对所有的 j，有

$$\Re([u,a_j]([a_j,v]+b_j))=0. \tag{4.5.4}$$

反之，假设式(4.5.4)对所有的 j 都成立. 令 $x,y\in\mathbb{C}^d$，满足 $x-y=2u$ 和 $x+y=2v$，则有 $x\neq y$，但有 $M_{A,b}(x)=M_{A,b}(y)$. 因此，(A,b) 不可仿射相位

恢复.

(3)⇔(4). 首先,$M_{A,b}(x)$的第 k 个分量是$|[a_k,x]+b_k|^2$. 把变量分为实部和虚部:$x=x_R+ix_I$,$a_k=a_{k,R}+ia_{k,I}$,$b_k=b_{k,R}+ib_{k,I}$,则 $M_{A,b}(x)$的第 k 个分量变为

$$([a_{k,R},x_R]+[a_{k,I},x_I]+b_{k,R})^2+([a_{k,R},x_I]-[a_{k,I},x_R]-b_{k,I})^2.$$

从而 $M_{A,b}(x_R,x_I)$的 Jacobi 矩阵 $J(x):=J(x_R,x_I)$为

$$2\begin{pmatrix} a_{1,R}^{\mathrm{T}}\cdot\alpha_1(x)-a_{1,I}^{\mathrm{T}}\cdot\beta_1(x) & a_{1,I}^{\mathrm{T}}\cdot\alpha_1(x)-a_{1,R}^{\mathrm{T}}\cdot\beta_1(x) \\ a_{2,R}^{\mathrm{T}}\cdot\alpha_2(x)-a_{2,I}^{\mathrm{T}}\cdot\beta_2(x) & a_{2,I}^{\mathrm{T}}\cdot\alpha_2(x)-a_{2,R}^{\mathrm{T}}\cdot\beta_2(x) \\ \vdots & \vdots \\ a_{m,R}^{\mathrm{T}}\cdot\alpha_m(x)-a_{m,I}^{\mathrm{T}}\cdot\beta_m(x) & a_{m,I}^{\mathrm{T}}\cdot\alpha_m(x)-a_{m,R}^{\mathrm{T}}\cdot\beta_m(x) \end{pmatrix}$$

其中,$\alpha_j(x):=[a_{j,R},x_R]+[a_{j,I},x_I]+b_{j,R}$,且 $\beta_j(x):=[a_{j,R},x_I]-[a_{j,I},x_R]-b_{j,I}$.若 $J(x)$的秩不是 $2d$,则存在 $v=v_R+iv_I$ 和 $u=u_R+iu_I\neq 0$,使得 u 在 $J(v)$的零空间中,即

$$J(v)\begin{pmatrix} u_R \\ u_I \end{pmatrix}=0.$$

从而对所有的 $1\leqslant k\leqslant m$,都有

$$\begin{aligned} C_k:=&[a_{k,R},u_R]\alpha_k(v)-[a_{k,I},u_R]\beta_k(v) \\ &+[a_{k,I},u_I]\alpha_k(v)+[a_{k,R},u_I]\beta_k(v)=0. \end{aligned} \tag{4.5.5}$$

但简单计算可知 C_k 等于$\Re([u,a_k]([a_k,v]+b_k))$. 从而由(3)知,$(A,b)$不可仿射相位恢复.

假设(3)不成立,则存在 $v,u\in\mathbb{C}^d$ 且 $u\neq 0$,对所有的 $1\leqslant k\leqslant m$,都有

$$\Re([u,a_k]([a_k,v]+b_k))=0.$$

所以对所有的 k,式(4.5.5)都成立. 从而有

$$J(v)\begin{pmatrix} u_R \\ u_I \end{pmatrix}=0.$$

所以 $\mathrm{rank}(J(v))<2d$.

关于复情形下测量值的数量有下述结论.

定理 4.5.5[36] (1) 若$(A,b)\in\mathbb{C}^{m\times(d+1)}$在$\mathbb{C}^d$上可仿射相位恢复,则 $m\geqslant 3d$.

(2) 若 $m\geqslant 4d-1$,则一般(generic)的$(A,b)\in\mathbb{C}^{m\times(d+1)}$在$\mathbb{C}^d$上可仿射相位恢复.

接下来介绍仿射相位恢复的稳定性结论.

定理 4.5.6[36]　若$(A,b)\in\mathbb{H}^{m\times(d+1)}$可仿射相位恢复，假设$\Omega\subset\mathbb{H}^d$是紧集，则存在依赖于$(A,b)$和$\Omega$的正常数$C_1,C_2,c_1,c_2$，对所有的$x,y\in\Omega$，都有

$$\frac{c_1}{1+\|x\|+\|y\|}\|x-y\|\leqslant\left\|\sqrt{M_{A,b}}(x)-\sqrt{M_{A,b}}(y)\right\|\leqslant C_1\|x-y\|,$$
$$c_2\|x-y\|\leqslant\|M_{A,b}(x)-M_{A,b}(y)\|\leqslant C_2(1+\|x\|+\|y\|)\|x-y\|.$$

证明：记$A=(a_1,\cdots,a_m)^{\mathrm{T}}$且$b=(b_1,\cdots,b_m)^{\mathrm{T}}$，首先讨论$M_{A,b}(x)$的稳定性. 记$(A,b)=(\tilde{a}_1,\cdots,\tilde{a}_m)^{\mathrm{T}}$，其中$\tilde{a}_j:=\begin{pmatrix}a_j\\b_j\end{pmatrix}$，$j=1,\cdots,m$. 同样的，令$\tilde{x}=(x^{\mathrm{T}},1)^{\mathrm{T}}$，$\tilde{y}=(y^{\mathrm{T}},1)^{\mathrm{T}}$，从而有

$$\begin{aligned}M_{A,b}(x)&=(|[a_1,x]+b_1|^2,\cdots,|[a_m,x]+b_m|^2)\\&=(\mathrm{tr}(\tilde{a}_1\tilde{a}_1^*\tilde{x}\tilde{x}^*),\cdots,\mathrm{tr}(\tilde{a}_m\tilde{a}_m^*\tilde{x}\tilde{x}^*))=:T(\tilde{x}\tilde{x}^*).\end{aligned}$$

令$X_\Omega=\{\tilde{x}\tilde{x}^*\in\mathbb{H}^{(d+1)\times(d+1)}:x\in\Omega\}$，

$$\Theta_\Omega=\{S\in\mathbb{H}^{(d+1)\times(d+1)}:\|S\|_F=1,tS\in X_\Omega-X_\Omega,t>0\}$$

且

$$\widetilde{\Theta}_\Omega=\left\{S:=\begin{pmatrix}zw^*+wz^*&z\\z^*&0\end{pmatrix}:z\in\mathbb{H}^d,w\in(\Omega+\Omega)/2,\|S\|_F=1\right\},$$

其中，$\|\cdot\|_F$表示矩阵的l^2范数(Frobenius 范数). 则有

$$\Theta_\Omega\subset\widetilde{\Theta}_\Omega. \tag{4.5.6}$$

这是因为对所有的$S\in\Theta_\Omega$，都有

$$S=t^{-1}(\tilde{x}\tilde{x}^*-\tilde{y}\tilde{y}^*)=\begin{pmatrix}zw^*+wz^*&z\\z^*&0\end{pmatrix}\in\widetilde{\Theta}_\Omega,$$

其中，第一个等式中$t>0,x,y\in\Omega$的存在性是由于Θ_Ω的定义，且$z=(x-y)/t,w=(x+y)/2$. 因为(A,b)可仿射相位恢复，所以对任意的

$$S=\begin{pmatrix}zw^*+wz^*&z\\z^*&0\end{pmatrix}\in\widetilde{\Theta}_\Omega,$$

都有

$$\begin{aligned}\mathrm{T}(S)&=\mathrm{T}\begin{pmatrix}xx^*-yy^*&x-y\\x^*-y^*&0\end{pmatrix}\\&=\mathrm{T}(\tilde{x}\tilde{x}^*-\tilde{y}\tilde{y}^*)\\&=M_{A,b}(x)-M_{A,b}(y)\neq0,\end{aligned} \tag{4.5.7}$$

其中，$x=w+z/2,y=w-z/2$. 又因为$\widetilde{\Theta}_\Omega$是紧集，所以有

$$c_2:=\inf_{S\in\widetilde{\Theta}_\Omega}\|T(S)\|>0. \tag{4.5.8}$$

因此，

$$\begin{aligned}\|M_{A,b}(x)-M_{A,b}(y)\| &= \|\mathrm{T}(\tilde{x}\tilde{x}^*-\tilde{y}\tilde{y}^*)\| \\ &\geqslant (\inf_{S\in\Theta_\Omega}\|\mathrm{T}(S)\|)\|\tilde{x}\tilde{x}^*-\tilde{y}\tilde{y}^*\|_F \\ &\geqslant c_2\|\tilde{x}\tilde{x}^*-\tilde{y}\tilde{y}^*\|_F,\end{aligned} \tag{4.5.9}$$

其中,第一个等式由式(4.5.7)导出,最后一个不等式由式(4.5.6)导出.若 e_{d+1} 是一个单位向量,则

$$\|\tilde{x}\tilde{x}^*-\tilde{y}\tilde{y}^*\|_F\geqslant\|(\tilde{x}\tilde{x}^*-\tilde{y}\tilde{y}^*)e_{d+1}\|=\|\tilde{x}-\tilde{y}\|=\|x-y\|.$$

结合式(4.5.8)和式(4.5.9),就得到了 $M_{A,b}(x)$ 的下界.因为 $M_{A,b}(x)$ 对 $X=\tilde{x}\tilde{x}^*$ 来说是线性的,所以

$$\|M_{A,b}(x)-M_{A,b}(y)\|\leqslant C_{2'}\|\tilde{x}\tilde{x}^*-\tilde{y}\tilde{y}^*\|_F.$$

进一步,因为 $\|\tilde{x}-\tilde{y}\|=\|x-y\|$ 且 $\|\tilde{x}\|\leqslant 1+\|x\|$,所以有

$$\|\tilde{x}\tilde{x}^*-\tilde{y}\tilde{y}^*\|_F\leqslant\|\tilde{x}\|\|\tilde{x}-\tilde{y}\|+\|\tilde{y}\|\|\tilde{x}-\tilde{y}\|\leqslant 2(1+\|x\|+\|y\|)\|x-v\|.$$

取 $C_2=2C_{2'}$,就得到了 $M_{A,b}(x)$ 的上界.

接下来考虑 $\sqrt{M_{A,b}}$ 的稳定性.因为

$$\|[a_j,x]+b_j|-|[a_j,y]+b_j\|\leqslant|[a_j,x-y]|\leqslant\|a_j\|\|x-y\|,$$

所以

$$\|\sqrt{M_{A,b}}(x)-\sqrt{M_{A,b}}(y)\|\leqslant(\sum_{j=1}^m\|a_j\|)\|x-y\|.$$

取 $C_1=\sum_{j=1}^m\|a_j\|$,就得到了 $\sqrt{M_{A,b}}$ 的上界.注意到

$$\begin{aligned}&\Big||[a_j,x]+b_j|^2-|[a_j,y]+b_j|^2\Big| \\ &=\Big||[a_j,x]+b_j|-|[a_j,y]+b_j|\Big|(|[a_j,x]+b_j|+|[a_j,y]+b_j|) \\ &\leqslant L(1+\|x\|+\|y\|)\Big||[a_j,x]+b_j|-|[a_j,y]+b_j|\Big|,\end{aligned}$$

其中,$L>0$ 是仅依赖于(A,b)的常数.因此有

$$\|M_{A,b}(x)-M_{A,b}(y)\|\leqslant L(1+\|x\|+\|y\|)\|\sqrt{M_{A,b}}(x)-\sqrt{M_{A,b}}(y)\|.$$

令 $c_2=c_1/L$,因为 $\|M_{A,b}(x)-M_{A,b}(y)\|\geqslant c_2\|x-y\|$,所以有

$$\|\sqrt{M_{A,b}}(x)-\sqrt{M_{A,b}}(y)\|\geqslant\frac{c_1}{1+\|x\|+\|y\|}\|x-y\|.$$

定理证毕.

事实上,仿射相位恢复的测量算子不可能是双 Lipschitz 的,这可以从下面的命题得到.

命题 4.5.1[36] 测量算子 $\sqrt{M_{A,b}}$ 和 $M_{A,b}$ 都不是双 Lipschitz 的.

证明:测量算子 $M_{A,b}(x)$是 x 的二次函数,而任何二次函数在整个欧几里

得空间上不可能是双 Lipschitz 的. 下面证明测量算子 $\sqrt{M_{A,b}}(x)$ 不是双 Lipschitz 的. 固定非零向量 $\mathbf{x}_0\in\mathbb{H}^d$, 取 $x=rx_0$, $y=-rx_0$, 其中 $r>0$. 因为

$$\begin{aligned}&\left\|\sqrt{M_{A,b}}(x)-\sqrt{M_{A,b}}(y)\right\|\\&=\Big(\sum_{j=1}^{m}(|r[a_j,x_0]+b_j|-|r[a_j,x_0]-b_j|)^2\Big)^{1/2},\end{aligned}$$

且

$$\|x-y\|=2r\|x_0\|,$$

所以

$$\begin{aligned}&\frac{\left\|\sqrt{M_{A,b}}(x)-\sqrt{M_{A,b}}(y)\right\|}{\|x-y\|}\\&=\frac{1}{2\|x_0\|}\Big(\sum_{j=1}^{m}(|[a_j,x_0]+b_j/r|-|[a_j,x_0]-b_j/r|)^2\Big)^{1/2}.\end{aligned}$$

令 $r\to\infty$, 则上式的右边趋于 0. 所以对任意的 $\delta>0$, 可以选择足够大的 r, 使得

$$\frac{\left\|\sqrt{M_{A,b}}(x)-\sqrt{M_{A,b}}(y)\right\|}{\|x-y\|}\leqslant\delta.$$

因此, $\sqrt{M_{A,b}}(x)$ 不是双 Lipschitz 的.

第 5 章　广义相位恢复与广义仿射相位恢复的稳定性

5.1　广义相位恢复

广义相位恢复作为相位恢复的一种推广，是由 Yang Wang 等人在文献[60]中提出的. 它与低秩矩阵恢复和非奇异双线性型有深刻的联系.

令 $H_d(\mathbb{F})$表示域$\mathbb{F}$(或$\mathbb{F}=\mathbb{R}$)上的 Hermite 矩阵全体且 $A=(A_j)_{j=1}^m \subset H_d(\mathbb{F})$，定义测量算子 $M_A:\mathbb{F}^d \to \mathbb{R}^m$，

$$M_A(x)=(x^* A_1 x,\cdots,x^* A_m x).$$

广义相位恢复的目的是从测量值 $M_A(x)$ 中恢复出信号 x. 如同相位恢复时一样，所恢复的信号可能相差一个整体相位. 所以当说测量算子是单射时，仍如相位恢复时一样，即在模掉一个等价关系后的商空间上测量算子是单射. 若广义相位恢复的测量算子是单射，称集合$(A_j)_{j=1}^m$可广义相位恢复. 为了方便，有时称其为可相位恢复的. 若限制 $A_j \geqslant 0$ 且 $\mathrm{rank}(A_j)=1$，则广义相位恢复退化为相位恢复. 若限制每个 A_j 都是正交投影，则广义相位恢复就退化为融合框架(正交)相位恢复[10,20].

对任意 $x,y\in\mathbb{F}^d$，记 $v=\frac{1}{2}(x+y)$，$u=\frac{1}{2}(x-y)$. 若 $A\in H_d(\mathbb{F})$，则有

$$x^* Ax-y^* Ay=4\,\Re(v^* Au). \tag{5.1.1}$$

当$\mathbb{F}=\mathbb{R}$时，上式等价于 $x^* Ax-y^* Ay=v^* Au=v^{\mathrm{T}}Au$. 用$\mathcal{M}_{d,r}(\mathbb{F})$表示域$\mathbb{F}$上的所有秩小于等于 r 的 $d\times d$ 阶矩阵组成的集合.

定理 5.1.1[60]　令$\mathcal{A}=(A_j)_{j=1}^m\subset H_d(\mathbb{R})$，则下列各条等价：

(1) $\mathcal{A}$可广义相位恢复.

(2) 不存在非零向量 $v,u\in\mathbb{R}^d$使得对所有的 $1\leqslant j\leqslant m$ 都有 $v^{\mathrm{T}}A_j u=0$.

(3) 对任意的非零向量 $u\in\mathbb{R}^d$都有 $\mathrm{span}\{A_j u\}_j^m=1=\mathbb{R}$.

(4) 若 $Q\in\mathcal{M}_{d,1}(\mathbb{R})$且对所有的 $1\leqslant j\leqslant m$ 都有 $\mathrm{Tr}(A_jQ)=0$，则 $Q=0$.

(5) 若矩阵 $Q\in\mathcal{M}_{d,2}(\mathbb{R})\cap H_d(\mathbb{R})$对所有的 $1\leqslant j\leqslant m$ 都有 $\mathrm{Tr}(A_jQ)=0$，则 Q 有两个符号相同的特征值.

(6) 从$\mathbb{R}^d\times\mathbb{R}^d$到$\mathbb{R}^m$的双线性型$L(x,y):=(x^{\mathrm{T}}A_jy)_{j=1}^m$是非奇异的.

(7) 在$\mathbb{R}^d\backslash\{0\}$上,$M_A$ 的秩为 d.

证明:(1)⇔(2). 若存在$\mathbb{R}^d$中向量 $x\neq\pm y$ 使得 $M_A(x)=M_A(y)$,令 $v=\frac{1}{2}(x+y)$,$u=\frac{1}{2}(x-y)$,则 u,v 均不为零,且

$$x^{\mathrm{T}}A_jx-y^{\mathrm{T}}A_jy=(v+u)^{\mathrm{T}}A_j(v+u)-(v-u)^{\mathrm{T}}A_j(v-u)=0.$$

这说明对所有的 j 都有 $v^{\mathrm{T}}A_ju=0$,这与(2)矛盾. 此时证明了(2)⇒(1). 反之可类似证明.

(1)⇔(5). 首先用反证法证明(1)⇒(5). 假设存在矩阵 $Q\in\mathcal{M}_{d,2}(\mathbb{R})\cap H_d(\mathbb{R})$,它的两个特征值是 $\lambda_1>0$ 和 $\lambda_2<0$,且对所有的 j 都有 $\mathrm{Tr}(A_jQ)=0$. 由谱分解定理,Q 可以写为

$$Q=\lambda_1uu^{\mathrm{T}}-|\lambda_2|vv^{\mathrm{T}},$$

其中,$[u,v]=0$. 从而可得

$$\mathrm{Tr}(A_j(\lambda_1uu^{\mathrm{T}}-|\lambda_2|vv^{\mathrm{T}}))=\mathrm{Tr}(A_jxx^{\mathrm{T}})-\mathrm{Tr}(A_jyy^{\mathrm{T}})=0,$$

其中,$x=\sqrt{\lambda_1}u$,$y=\sqrt{|\lambda_2|}v$. 因为 $x^{\mathrm{T}}A_jx=\mathrm{Tr}(A_jxx^{\mathrm{T}})$,$y^{\mathrm{T}}A_jy=\mathrm{Tr}(A_jyy^{\mathrm{T}})$,所以 $M_A(x)=M_A(y)$. 但 $x\neq\pm y$,这与(1)矛盾.

下面证明(5)⇒(1). 假设存在向量 $x,y\in\mathbb{R}^d$使得 $x\neq\pm y$ 且对所有的 j 都有 $x^{\mathrm{T}}A_jx=y^{\mathrm{T}}A_jy$,则

$$\mathrm{Tr}(A_j(xx^{\mathrm{T}}-yy^{\mathrm{T}}))=x^{\mathrm{T}}A_jx-y^{\mathrm{T}}A_jy=0.$$

令 $Q:=xx^{\mathrm{T}}-yy^{\mathrm{T}}\neq0$,则 $Q\in\mathcal{M}_{d,2}(\mathbb{R})\cap H_d(\mathbb{R})$,且对所有的 j 都有 $\mathrm{Tr}(A_jQ)=0$. 因此,Q 具有两个同号的特征值. 这说明 x 和 y 是线性无关的,从而 Q 具有两个符号相反的非零特征值,这与(5)矛盾.

(2)⇔(3). 如果存在非零向量 $u_0\in\mathbb{R}^d$使得 $\mathrm{span}\{A_ju_0\}_{j=1}^m\neq\mathbb{R}^d$,则存在 $v_0\neq0$ 使得 $v_0\perp\mathrm{span}\{A_ju_0\}_{j=1}^m$. 这说明对所有的 j 都有 $v_0^{\mathrm{T}}A_ju_0=0$. 反之可类似证明.

(2)⇔(6). 双线性型 L 是非奇异的当且仅当对所有的非零向量 x,y 都有 $L(x,y)\neq0$. 而这恰好就是(2).

(4)⇔(6). 首先 $Q\in\mathcal{M}_{d,1}(\mathbb{R})$当且仅当 $Q=xy^{\mathrm{T}}$,$Q\neq0$ 当且仅当向量 x,y 都不为零. 又因为 $L(x,y)=\mathrm{Tr}(A_jQ)_{j=1}^m$,其中 $Q=xy^{\mathrm{T}}$,所以两者等价.

(3)⇔(7). 测量算子 M_A 在点 x 处的 Jacobi 矩阵为 $J_A(x)=2[A_1x,A_2x,\cdots,A_mx]$,即 $J_A(x)$的列向量是$\{A_jx\}_{j=1}^m$. 从而(3)与(7)等价.

对于复情形,有下述结论.

定理 5.1.2[60]　令$\mathcal{A}=(A_j)_{j=1}^m\subset H_d(\mathbb{C})$,则下述各条等价:

(1) $\mathcal{A}$可相位恢复.

(2) 不存在非零向量$v,u\in\mathbb{C}^d$和数$c\in\mathbb{R}$使得$u\neq icv$,且对所有的$1\leqslant j\leqslant m$有$\Re(v^*A_ju)=0$.

(3)$M_{\mathcal{A}}$在$\mathbb{C}^d\backslash\{0\}$上任一点的Jacobi矩阵的秩都是$2d-1$.

(4)若$Q\in\mathcal{M}_{d,2}(\mathbb{C})\cap H_d(C)$对所有的$1\leqslant j\leqslant m$都有$\mathrm{Tr}(A_jQ)=0$,则$Q$有两个同号的非零特征值.

证明:(1)⇔(2). 假设存在非零向量v,u和实数c使得$u\neq icv$,且对所有的$1\leqslant j\leqslant m$都有$R(v^*A_ju)=0$. 令$x=u+v,y=u-v$,则由式(5.1.1)知$M_{\mathcal{A}}(x)=M_{\mathcal{A}}(y)$. 这里断言,当$|a|=1$时,都有$x\neq ay$. 若不然,因为$u,v\neq0$,所以$a\neq\pm1$. 因此,必有$u=\dfrac{a+1}{a-1}v$. 但$\dfrac{a+1}{a-1}$是纯虚数,矛盾. 因此$M_{\mathcal{A}}$不是单射,即$\mathcal{A}$不可相位恢复. 反之,假设$M_{\mathcal{A}}$不是单射且$M_{\mathcal{A}}(x)=M_{\mathcal{A}}(y)$,其中$x\neq ay$且$|a|=1$. 令$u=x+y,v=x-y$,则对任意的实数$c$都有$u\neq icv$. 进一步,对所有的$1\leqslant j\leqslant m$,都有$R(v^*A_ju)=0$.

(1)⇔(4). 证明与定理 5.1.1 中(1)与(5)等价的证明类似,在此省略.

(2)⇔(3). 记$A_j=B_j+iC_j$,其中B_j,C_j是实矩阵,则$B_j^{\mathrm{T}}=B_j,C_j^{\mathrm{T}}=-C_j$. 令

$$F_j=\begin{bmatrix}B_j & -C_j\\ C_j & B_j\end{bmatrix},$$

则对任意的$u=u_R+iu_I\in\mathbb{C}^d$,都有$u^*A_ju=x^{\mathrm{T}}F_jx$,其中$x^{\mathrm{T}}=[u_R^{\mathrm{T}},u_I^{\mathrm{T}}]$. 所以$M_{\mathcal{A}}(u)$的Jacobi矩阵为

$$J_{\mathcal{A}}(u)=2[F_1x,F_2x,\cdots,F_mx].$$

因为

$$[-u_I^{\mathrm{T}},u_R^{\mathrm{T}}]F_ju=-u_I^{\mathrm{T}}B_ju_R+u_R^{\mathrm{T}}C_ju_R+u_IC_ju_I+u_R^{\mathrm{T}}B_ju_I=0,$$

所以$J_{\mathcal{A}}(u)$的秩至多为$2d-1$. 进一步,对任意的$v=v_R+iv_I\in\mathbb{C}^d$,都有

$$2[\Re(v^*A_ju)]=[v_R^{\mathrm{T}},v_I^{\mathrm{T}}]J_{\mathcal{A}}(u).$$

为了证明(2)能推出(3),假设存在非零向量u,v和实数c使得$u\neq icv$,且对所有的$1\leqslant j\leqslant m$都有$\Re(v^*A_ju)=0$. 记$x^{\mathrm{T}}=[u_R^{\mathrm{T}},u^{\mathrm{T}}m_I]$,$y^{\mathrm{T}}=[v_R^{\mathrm{T}},v_I^{\mathrm{T}}]$,则对所有的$j$都有$y^{\mathrm{T}}F_jx=0$. 但$u\neq icv$说明对任意的实数$c$都有$y^{\mathrm{T}}\neq c[-u_I^{\mathrm{T}},u_R^{\mathrm{T}}]$. 因此$J_{\mathcal{A}}(u)$的秩至多是$2d-2$.

反之,假设存在非零向量$u\in\mathbb{C}^d$,使得$J_{\mathcal{A}}(u)$的秩至多是$2d-2$,则存在一个向量$y\in\mathbb{R}^{2d}$,使得$y^{\mathrm{T}}J_{\mathcal{A}}(u)=0$且$y^{\mathrm{T}}$与$[-u_I^{\mathrm{T}},u_R^{\mathrm{T}}]$不共线. 记$y^{\mathrm{T}}=[v_R^{\mathrm{T}},v_I^{\mathrm{T}}]$,$v=v_R+iv_I$,则$v\neq icu$,且对所有的$j$都有$\Re(v^*A_ju)=0$.

关于测量数量的问题,借助代数几何的知识可以证明如下结论.

定理 5.1.3[60]　令 $m\geqslant 2d-1$ 且 $1\leqslant r_1,\cdots,r_m\leqslant d$，则一般的 $\mathcal{A}=(A_j)_{j=1}^m\in H_d^m(\mathbb{R})$ 在 $\mathbb{R}^d$ 上可相位恢复，其中 $\mathrm{rank}(A_j)=r_j$.

定理 5.1.4[60]　令 $m\geqslant 4d-4$ 且 $1\leqslant r_1,\cdots,r_m\leqslant d$，则一般的 $\mathcal{A}=(A_j)_{j=1}^m\in H_d^m(\mathbb{C})$ 在 $\mathbb{C}^d$ 上可相位恢复，其中 $\mathrm{rank}(A_j)=r_j$.

5.2　广义仿射相位恢复

令 $B_j\in\mathbb{F}^{r_j\times d}$，其中 r_j 是正整数. 考虑用仿射测量向量的范数 $\|B_jx+b_j\|(j=1,\cdots,m)$ 恢复信号 x，其中 $b_j\in\mathbb{F}^{r_j}$ 且 $x\in\mathbb{F}^d$. 令 $B=\{B_j\}_{j=1}^m$ 且 $b=\{b_j\}_{j=1}^m$，定义测量算子 $M_{B,b}:\mathbb{F}^d\to\mathbb{R}_+^m$，

$$M_{B,b}(x)=(\|B_1x+b_1\|^2,\|B_2x+b_2\|^2,\cdots,\|B_mx+b_m\|^2).$$

如果 $M_{B,b}$ 在 $\mathbb{F}^d$ 上是单射，则称 (B,b) 在 $\mathbb{F}^d$ 上可广义仿射相位恢复. 此定义与文献[44]中的定义稍有不同，在那里，所有 r_j 都是同一个整数 $r\geqslant 1$. 如同仿射相位恢复，定义测量算子 $\sqrt{M_{B,b}}$ 为

$$\sqrt{M_{B,b}}(x)=(\|B_1x+b_1\|,\|B_2x+b_2\|,\cdots,\|B_mx+b_m\|).$$

定理 5.2.1　令 $B_j\in\mathbb{R}^{r_j\times d}$ 且 $b_j\in\mathbb{R}^{r_j}$，则下列各条等价：

(1) (B,b) 在 $\mathbb{R}^d$ 上可广义仿射相位恢复.

(2) 不存在非零向量 $u\in\mathbb{R}^d$，对所有的 $1\leqslant j\leqslant m$ 和 $v\in\mathbb{R}^d$，都有 $[B_ju,B_jv+b_j]=0$.

(3) 若 v 是方程组 $B_jv+b_j=0,j\in S\subset\{1,2,\cdots,m\}$ 的解，则 $\{B_j^{\mathrm{T}}B_jv+B_j^{\mathrm{T}}b_j\}_{j\in S^C}$ 是 $\mathbb{R}^d$ 的一个生成集.

(4) $M_{B,b}$ 的 Jacobi 矩阵在 $\mathbb{R}^d$ 上的秩是 d.

证明：(1)⇔(2). 假设存在 $\mathbb{R}^d$ 中的向量 $x\neq y$，使得 $M_{B,b}(x)=M_{B,b}(y)$. 则对任意的 j，都有

$$\|B_jx+b_j\|^2-\|B_jy+b_j\|^2=[B_j(x-y),B_j(x+y)+2b_j].$$

令 $2u=x-y,2v=x+y$，则 $u\neq 0$，且对所有的 j 有

$$[B_ju,B_jv+b_j]=0. \tag{5.2.1}$$

反之，假设式(5.2.1)对所有的 j 都成立. 令 $x,y\in\mathbb{R}^d$ 满足 $x-y=2u$ 和 $x+y=2v$，则 $x\neq y$. 然而，因为 $M_{B,b}(x)=M_{B,b}(y)$，所以 (B,b) 不可广义相位恢复.

(2)⇔(3). 假设 $\{B_j^{\mathrm{T}}B_jv+B_j^{\mathrm{T}}b_j\}_{j\in S^C}$ 不是 $\mathbb{R}^d$ 的生成集，则存在一个非零向量 $u\in\mathbb{R}^d$，对 $j\in S^C$，有 $[B_ju,B_jv+b_j]=[u,B_j^{\mathrm{T}}B_jv+B_j^{\mathrm{T}}b_j]=0$. 当 $j\in S$ 时，因为 v 是方程组 $B_jv+b_j=0$ 的解，所以 $[B_ju,B_jv+b_j]$ 也等于零. 这与

(2)矛盾.反之可类似证明.

(3)⇔(4).测量算子 $M_{B,b}$ 在 x 点的 Jacobi 矩阵为

$$J_{B,b}(x)=2(B_1^{\mathrm{T}}B_1x+B_1^{\mathrm{T}}b_1,B_2^{\mathrm{T}}B_2x+B_2^{\mathrm{T}}b_2,\cdots,B_m^{\mathrm{T}}B_mx+B_m^{\mathrm{T}}b_m),$$

也就是 $J_{B,b}$ 的第 j 列是向量 $B_j^{\mathrm{T}}B_jx+B_j^{\mathrm{T}}b_j$.这就说明(3)和(4)等价.

对于复情形,首先有下面的等式,

$$\|B^*x+b\|_2^2-\|B^*y+b\|_2^2=4\,\Re(u^*BB^*v+(Bb)^*v),\quad(5.2.2)$$

其中 $u=\frac{1}{2}(x+y)$,$v=\frac{1}{2}(x-y)$.

定理 5.2.2[44] 假设 r 是正整数,$\{(B_j,b_j)\}_{j=1}^m\subset\mathbb{C}^{d\times r}\times\mathbb{C}^r$,则下列各条等价.

(1) (B,b) 在 $\mathbb{C}^d$ 上可广义仿射相位恢复.

(2) 对任意的 $u\in\mathbb{C}^d$ 和非零向量 v,存在 j 使得

$$\Re(u^*B_jB_j^*v+(B_jb_j)^*v)\neq 0.$$

(3) 对所有的 $x\in\mathbb{R}^{2d}$,$M_{B,b}$ 的 Jacobi 矩阵的秩为 $2d$.

证明:(1)⇔(2).首先证明(2)⇒(1).若(1)不成立,则存在 $x\neq y$,使得 $M_{B,b}(x)=M_{B,b}(y)$.由式(5.2.2)知,对所有的 j,都有

$$\|B_j^*x+b_j\|_2^2-\|B_j^*y+b_j\|_2^2=4\,\Re(u^*B_jB_j^*v+(B_jb)^*v)=0.$$

而 $v\neq 0$,这与(2)矛盾.反之可类似证明.

(2)⇔(3).因为 $B_jB_j^*$ 是 Hermite 矩阵,所以 $B_jB_j^*=D_j+iC_j$,其中 $D_j,C_j\in\mathbb{R}^{d\times d}$ 且 $D_j^{\mathrm{T}}=D_j$,$C_j^{\mathrm{T}}=-C_j$.令

$$F_j=\begin{pmatrix}D_j & -C_j\\ C_j & D_j\end{pmatrix},$$

则对所有的 $u=u_R+iu_I\in\mathbb{C}^d$,都有

$$\|B_j^*u+b_j\|_2^2=\tilde{u}^{\mathrm{T}}F_j\tilde{u}+2\tilde{c}_j^{\mathrm{T}}\tilde{u}+b_j^*b_j.$$

其中

$$\tilde{u}=\begin{bmatrix}u_R\\ u_I\end{bmatrix},\quad \tilde{c}_j=\begin{bmatrix}(B_jb_j)_R\\ (B_jb_j)_I\end{bmatrix}$$

计算 $M_{B,b}$ 在 $J(u)$ 的 Jacobi 矩阵得到

$$J(u)=2[F_1\tilde{u}+\tilde{c}_1,\cdots,F_m\tilde{u}+\tilde{c}_m].$$

对任意的 $v=v_R+iv_I\in\mathbb{C}^d$,都有

$$2\,\Re(u^*B_jB_j^*v+(B_jb_j)^*v)=[v_R^{\mathrm{T}},v_I^{\mathrm{T}}]J_j(u),$$

其中,$J_j(u)$ 表示 $J(u)$ 的第 j 列,v_R 和 v_I 分别表示 v 的实部和虚部.从而(2)和(3)等价.

关于测量值数量问题,借助代数几何知识,有下述结论.

定理 5.2.3[44]　令 r 是正整数且 $m\geqslant 4d-1$，则一般的 $\{(B_j,b_j)\}_{j=1}^m\subset\mathbb{C}^{m(d\times r)}\times\mathbb{C}^{mr}$ 在 $\mathbb{C}^d$ 上可广义仿射相位恢复.

定理 5.2.4[44]　令 r 是正整数且 $m\geqslant 2d$，则一般的 $\{(B_j,b_j)\}_{j=1}^m\subset\mathbb{R}^{r\times(d+1)}$ 在 $\mathbb{R}^d$ 上可广义仿射相位恢复.

令 $r=\max\limits_j r_j$，定理 5.2.1 中的 $r_j\times(d+1)$ 矩阵 (B_j,b_j) 可以通过加入全零的行扩充为 $r\times(d+1)$ 的矩阵，扩充后的矩阵可以看成是 $r_j=r$ 时的广义仿射相位恢复矩阵. 因此由定理 5.2.4 可得下面的推论.

推论 5.2.1　令 $\widetilde{A}_j=(B_j^{\mathrm{T}},b_j^{\mathrm{T}})^{\mathrm{T}}(B_j,b_j)$，其中 $b_j\in\mathbb{R}^{r_j}$ 且 $B_j\in\mathbb{R}^{r_j\times d}$ 是非零矩阵. 若 $m\geqslant 2d$ 且 $\widetilde{A}=(\widetilde{A}_j)_{j=1}^m$ 在 $H_d^m(\mathbb{R})$ 中是一般的(generic)，则 (B,b) 可广义仿射相位恢复.

例 5.2.1　令 $B_1=B_2$ 是 2×2 的单位矩阵，$B_3=(1,0)$，$b_1=(0,0)^{\mathrm{T}}$，$b_2=(0,1)^{\mathrm{T}}$，$b_3=1$，则 (B,b) 在 $\mathbb{R}^2$ 上可广义仿射相位恢复. 事实上，假设 $u=(x,y)^{\mathrm{T}}\in\mathbb{R}^2$，则有

$$\|B_1u+b_1\|^2=x^2+y^2,$$
$$\|B_2u+b_2\|^2=x^2+(y+1)^2,$$
$$\|B_3u+b_3\|^2=(x+1)^2.$$

经过简单计算，就可以解出这个关于 x,y 的方程组. 其中测量值数量是 3，且 $r_1=r_2=2,r_3=1$.

5.3　实广义(仿射)相位恢复的稳定性

本节主要从两个方面讨论广义相位恢复和广义仿射相位恢复的稳定性. 一方面，讨论测量算子关于不同距离的双 Lipschitz 性质. 具体的，给定 $\mathbb{F}^d$ 中的两个向量 x,y，会用到距离 $d(x,y)=\|x-y\|$，$d_1(x,y)=\min\{\|x-y\|,\|x+y\|\}$ 和对应于核范数的矩阵距离 $d_2(x,y)=\|x+y\|\|x-y\|$. 另一方面，讨论噪声模型下的 Cramer-Rao 下界.

首先讨论广义相位恢复的稳定性. 假设矩阵 $\{A_j\}_{j=1}^m\subset H_d(\mathbb{F})$，定义

$$a_0:=\inf_{\|x\|=\|y\|=1}\sum_{j=1}^m|x^*A_jy|^2 \text{ 且 } b_0:=\sup_{\|x\|=\|y\|=1}\sum_{j=1}^m|x^*A_jy|^2.$$

假设向量集 $\{A_jx\}_{j=1}^m$ 对任意的 $x\neq 0$，都形成 $\mathbb{F}^d$ 的一个框架，则存在常数 $0<\alpha_x<\beta_x<+\infty$，使得

$$\alpha_x\|y\|^2\leqslant\sum_{j=1}^m|x^*A_jy|^2\leqslant\beta_x\|y\|^2,\quad y\in\mathbb{F}^d.$$

其中，α_x 和 β_x 是相对于 $\{A_jx\}_{j=1}^m$ 的最优界. 显然，当 $y\neq 0$ 且 $x\neq 0$ 时，有

$$\sum_{j=1}^{m} | x^* A_j y |^2 \geqslant \alpha_x \|y\|^2 > 0.$$

进一步,单位球面 $S_1(\mathbb{F}^d)=\{x:\|x\|=1,x\in\mathbb{F}^d\}$在$\mathbb{F}^d$中是紧集,所以 $S_1(\mathbb{F}^d)\times S_1(\mathbb{F}^d)$是$\mathbb{F}^d\times\mathbb{F}^d$中的紧集.因为映射

$$(x,y)\mapsto\sum_{j=1}^{m} | x^* A_j y |^2$$

是连续的,所以

$$a_0 = \inf_{\|x\|=1} \alpha_x = \inf_{\|x\|=\|y\|=1} \sum_{j=1}^{m} | x^* A_j y |^2 > 0,$$

且

$$b_0 = \sup_{\|x\|=1} \beta_x = \sup_{\|x\|=\|y\|=1} \sum_{j=1}^{m} | x^* A_j y |^2 <+\infty.$$

反之,假设 $a_0>0$ 且 $b_0<+\infty$,则当 $x\neq 0$ 且 $y\neq 0$ 时,有

$$a_0 \leqslant \frac{\sum_{j=1}^{m} | x^* A_j y |^2}{\|x\|^2\|y\|^2} = \sum_{j=1}^{m} \left| \left[A_j \frac{x}{\|x\|}, \frac{y}{\|y\|} \right] \right|^2 \leqslant b_0.$$

这等价于

$$a_0\|x\|^2\|y\|^2 \leqslant \sum_{j=1}^{m} |[A_j x, y]|^2 \leqslant b_0\|x\|^2\|y\|^2, \qquad (5.3.1)$$

从而对任意的向量 $x\neq 0$,$A_j x$ 是$\mathbb{F}^d$的一个框架,框架界是 $a_0\|x\|^2$ 和 $b_0\|x\|^2$.因此有下面的引理.

引理 5.3.1 假设 $A=\{A_j\}_{j=1}^m$是 $H_d(\mathbb{F})$中的 Hermite 矩阵组成的集合,则对任意的 $x\neq 0$,集合$\{A_j x\}_{j=1}^m$是$\mathbb{F}^d$的框架当且仅当 $a_0>0$ 且 $b_0<+\infty$.这时,式(5.3.1)对任意的 $x,y\in\mathbb{F}^d$都成立.

结合定理 5.1.1 的(3)和引理 5.3.1,得到了如下定理.

定理 5.3.1 令 $A=\{A_j\}_{j=1}^m\subset H_d(\mathbb{R})$,则 A 可广义相位恢复当且仅当 $a_0>0$ 且 $b_0<+\infty$.

因为在实情形下,有 $|[A_j x,y]|^2=y^{\mathrm{T}}A_j x x^{\mathrm{T}}A_j y$,所以上面的定理又可以写为二次型形式.

推论 5.3.1 令 $A=\{A_j\}_{j=1}^m\subset H_d(\mathbb{R})$,则 A 可广义相位恢复当且仅当存在两个正实数 a_0,b_0,使得

$$a_0\|x\|^2 I\leqslant R_x\leqslant b_0\|x\|^2 I, \quad x\in\mathbb{R}^d. \qquad (5.3.2)$$

其中,不等式是在二次型的意义下成立且 $R_x := \sum_{j=1}^{m} A_j x x^{\mathrm{T}} A_j$.

对任意的半正定矩阵 $A_j\in H_d(\mathbb{R})$,都存在一个矩阵 $B_j\in\mathbb{R}^{r_j\times d}$,使得

$A_j=B_j^{\mathrm{T}}B_j$，其中 $r_j\geqslant 1$，B_j 不是唯一的. 特别的，矩阵 B_j 可取为 A_j 的平方根矩阵，令 $B_j^{\mathrm{T}}=(b_{j,1},\cdots,b_{j,r_j})$，其中 $b_{j,i}$ 是矩阵 B_j^{T} 的第 i 列，则 A_jx 可写为

$$A_jx = B_j^{\mathrm{T}}B_jx = \sum_{i=1}^{r_j} b_{j,i}b_{j,i}^{\mathrm{T}}x = \sum_{i=1}^{r_j}[x,b_{j,i}]b_{j,i}.$$

因此，有

$$x^{\mathrm{T}}A_jx = [A_jx,x] = \sum_{i=1}^{r_j}|[x,b_{j,i}]|^2.$$

利用上面的等式，可以得到广义相位恢复和相位恢复的关系.

定理 5.3.2　假设 $A_j=B_j^{\mathrm{T}}B_j\in H_d(\mathbb{R})$ 是半正定矩阵且 $B_j^{\mathrm{T}}=(b_{j,1},\cdots,b_{j,r_j})$，若 $\{A_j\}_{j=1}^m$ 可广义相位恢复，则列向量 $\{b_{j,i}\}_{i=1,j=1}^{r_j,m}$ 可相位恢复.

证明：用反证法证明. 令 $\Lambda:=\{(j,i):1\leqslant i\leqslant r_j,1\leqslant j\leqslant m\}$，假设 S 是 Λ 的一个任意子集，它可以分成两部分：$S_j=\{i\mid(j,i)\in S\}$ 和 $S_j^C=\{1,2,\cdots,r_j\}\backslash S_j$. 若 $\{b_{j,i}\}_{(j,i)\in S}$ 和 $\{b_{j,i}\}_{(j,i)\in S^C}$ 都不是 $\mathbb{R}^m$ 的生成集，则存在两个非零向量 $x,y\in\mathbb{R}^d$，使得对 $(j,i)\in S$ 有 $[x,b_{j,i}]=0$，对 $(j,i)\in S^C$，有 $[y,a_{j,i}]=0$. 因此，对 $j=1,\cdots,m$，有

$$\begin{aligned}\|B_j(x+y)\|^2 &= \sum_{i=1}^{r_j}|[x+y,b_{j,i}]|^2\\ &= \sum_{i\in S_j}|[x+y,b_{j,i}]|^2+\sum_{i\in S_j^C}|[x+y,b_{j,i}]|^2\\ &= \sum_{i\in S_j}|[x-y,b_{j,i}]|^2+\sum_{i\in S_j^C}|[x-y,b_{j,i}]|^2\\ &= \|B_j(x-y)\|^2.\end{aligned}$$

又因为对任意的 $x\in\mathbb{R}^d$，都有 $x^{\mathrm{T}}A_jx=\|B_jx\|^2$. 从而对所有的 j，有 $(x+y)^{\mathrm{T}}A_j(x+y)=(x-y)^{\mathrm{T}}A_j(x-y)$. 因为 $\{A_j\}_{j=1}^m$ 可广义相位恢复，所以 $x+y=\pm(x-y)$. 这与 x 和 y 都是非零向量矛盾.

若 $\{A_j\}_{j=1}^m$ 可广义相位恢复，则由定理 5.3.2 可知，列向量的外积组成的矩阵集合 $\{A_{j,i}\}_{j=1,i=1}^{m,r_j}=\{b_{j,i}b_{j,i}^{\mathrm{T}}\}_{j=1,i=1}^{m,r_j}$ 可广义相位恢复. 再由定理 5.3.1，存在正常数 a_1,b_1，使得

$$a_1\|x\|^2\|y\|^2\leqslant\sum_{j=1}^m\sum_{i=1}^{r_j}|[A_{j,i}x,y]|^2\leqslant b_1\|x\|^2\|y\|^2.$$

另一方面，

$$\begin{aligned}\sum_{j=1}^m|x^{\mathrm{T}}A_jy|^2 &= \sum_{j=1}^m\left|\sum_{i=1}^{r_j}[A_{j,i}x,y]\right|^2\\ &\leqslant r\sum_{j=1}^m\sum_{i=1}^{r_j}|[A_{j,i}x,y]|^2\leqslant rb_1\|x\|^2\|y\|^2,\end{aligned}$$

其中，$r=\max_j\{r_j\}$. 因此，有上界关系 $b_0\leqslant rb_1$.

定理 5.3.3 若$\{A_j\}_{j=1}^m\subset H_d(\mathbb{R})$可广义相位恢复，则测量算子 M_A 关于距离 $d_2(x,y)=\|x+y\|\|x-y\|$是双 Lipschitz 的.

证明：对任意的 $x,y\in\mathbb{R}^d$，都有

$$M_A(x)-M_A(y)^2=\sum_{j=1}^m|[A_j(x+y),x-y]|^2.$$

由引理 5.3.1，可以得到

$$\begin{aligned}a_0\|x+y\|^2\|x-y\|^2&\leqslant\sum_{j=1}^m|[A_j(x+y),x-y]|^2\\&\leqslant b_0\|x+y\|^2\|x-y\|^2.\end{aligned}$$

这等价于

$$a_0d_2^2(x,y)\leqslant\|M_A(x)-M_A(y)\|^2\leqslant b_0d_2^2(x,y).\tag{5.3.3}$$

定理证毕.

引理 5.3.2 令$\{A_j\}_{j=1}^m\subset H_d(\mathbb{R})$是可广义相位恢复的半正定矩阵集合，则测量算子$\sqrt{M_A}$关于$d_1(x,y)=\min\{\|x+y\|,\|x-y\|\}$是 Lipschitz 上有界的.

证明：首先，由$\sqrt{M_A}$的定义，有

$$\begin{aligned}\|\sqrt{M_A}(x)-\sqrt{M_A}(y)\|^2&=\sum_{j=1}^m(\sqrt{x^{\mathrm{T}}A_jx}-\sqrt{y^{\mathrm{T}}A_jy})^2\\&=\sum_{j=1}^m(B_jx-B_jy)^2,\end{aligned}$$

其中，B_j 是 A_j 的平方根. 再由反向三角不等式得到

$$\begin{aligned}\sum_{j=1}^m(\|B_jx\|-\|B_jy\|)^2&\leqslant\sum_{j=1}^m(\min\{B_j(x-y),B_j(x+y)\})^2\\&\leqslant\min\left\{\sum_{j=1}^m\|B_j(x-y)\|^2,\sum_{j=1}^m\|B_j(x+y)\|^2\right\}\\&=\min\left\{\sum_{j=1}^m(x-y)^{\mathrm{T}}A_j(x-y),\sum_{j=1}^m(x+y)^{\mathrm{T}}A_j(x+y)\right\}\\&=\min\left\{(x-y)^{\mathrm{T}}\left(\sum_{j=1}^mA_j\right)(x-y),(x+y)^{\mathrm{T}}\left(\sum_{j=1}^mA_j\right)\right.\\&\quad\left.\times(x+y)\right\}.\end{aligned}$$

因为 A_j 是半正定的，所以$\sum_{j=1}^mA_j$ 也是半正定的. 令 λ_1 是$\sum_{j=1}^mA_j$ 的最大特征值，则有

$$\min\left\{(x-y)^{\mathrm{T}}\left(\sum_{j=1}^{m}A_j\right)(x-y),(x+y)^{\mathrm{T}}\left(\sum_{j=1}^{m}A_j\right)(x+y)\right\}\leqslant \lambda_1 d_1^2(x,y).$$

综合上述不等式，得到

$$\left\|\sqrt{M_A}(x)-\sqrt{M_A}(y)\right\|^2\leqslant\lambda_1 d_1^2(x,y).$$

这说明测量算子 $\sqrt{M_A}$ 的 Lipschitz 上界是 λ_1. 进一步，取矩阵 $\sum_{j=1}^{m}A_j$ 的对应于特征值 λ_1 的特征向量 x，则有

$$\left\|\sqrt{M_A}(x)-\sqrt{M_A}(0)\right\|^2=\sum_{j=1}^{m}\|B_jx\|^2=x^{\mathrm{T}}\left(\sum_{j=1}^{m}A_j\right)x=\lambda_1\|x\|^2.$$

这说明 λ_1 是最优的上界.

为了计算下界，分两种情况考虑平行四边形法则

$$\|x+y\|^2+\|x-y\|^2=2(\|x\|^2+\|y\|^2).$$

首先，若 $\|x+y\|\leqslant\|x-y\|$，则有

$$\frac{\|x+y\|^2\|x-y\|^2}{\|x\|^2+\|y\|^2}\geqslant\|x+y\|^2.$$

其次，若 $\|x+y\|\geqslant\|x-y\|$，则有

$$\frac{\|x+y\|^2\|x-y\|^2}{\|x\|^2+\|y\|^2}\geqslant\|x-y\|^2.$$

结合上面两种情况得到

$$\begin{aligned}d_1^2(x,y)&=\min\{\|x+y\|^2,\|x-y\|^2\}\\&\leqslant\frac{\|x+y\|^2\|x-y\|^2}{\|x\|^2+\|y\|^2}\\&=\frac{d_2^2(x,y)}{\|x\|^2+\|y\|^2}.\end{aligned}\tag{5.3.4}$$

上式说明了两种距离之间的关系. 它由此可以估计 $\sqrt{M_A}$ 的 Lipschitz 下界.

引理 5.3.3　令 $\{A_j\}_{j=1}^m\subset H_d(\mathbb{R})$ 是可广义相位恢复的半正定矩阵集合，则测量算子 $\sqrt{M_A}$ 关于距离 $d_1(x,y)=\min\{\|x+y\|,\|x-y\|\}$ 是 Lipschitz 下有界的.

证明：由平方差公式，有

$$\begin{aligned}\left\|\sqrt{M_A}(x)-\sqrt{M_A}(y)\right\|^2&=\sum_{j=1}^{m}(\|B_jx\|-\|B_jy\|)^2\\&=\sum_{j=1}^{m}\left(\frac{\|B_jx\|^2-\|B_jy\|^2}{\|B_jx\|+\|B_jy\|}\right)^2,\end{aligned}$$

其中，B_j 是 A_j 的平方根矩阵. 令 C 是 $\{A_j\}_{j=1}^m$ 的一致算子上界，即对任意的 $x\in\mathbb{R}^d$ 和 $j=1,\cdots,m$，都有 $\|A_jx\|\leqslant C\|x\|$. 从而 $\|B_jx\|\leqslant\sqrt{C}\|x\|$，并且有

$$\sum_{j=1}^{m}\left(\frac{\|B_jx\|^2-\|B_jy\|^2}{\|B_jx\|+\|B_jy\|}\right)^2 \geqslant \frac{\sum_{j=1}^{m}(\|B_jx\|^2-\|B_jy\|^2)^2}{C(\|x\|+\|y\|)^2}$$
$$\geqslant \frac{a_0 d_2^2(x,y)}{2C(\|x\|^2+\|y\|^2)}$$
$$\geqslant \frac{a_0}{2C} d_1^2(x,y),$$

最后一个不等式利用了式(5.3.4). 从而$\frac{a_0}{2C}$是测量算子 $\sqrt{M_A}$ 的 Lipschitz 下界.

综合引理 5.3.2 和引理 5.3.3,得到了测量算子 $\sqrt{M_A}$ 的双 Lipschitz 性质.

定理 5.3.4 令$\{A_j\}_{j=1}^m \subset H_d(\mathbb{R})$是可广义相位恢复的半正定矩阵集合,则测量算子 $\sqrt{M_A}$ 关于距离 $d_1(x,y)=\min\{\|x+y\|,\|x-y\|\}$是双 Lipschitz 的,有

$$\frac{a_0}{2C} d_1^2(x,y) \leqslant \left\| \sqrt{M_A}(x)-\sqrt{M_A}(y) \right\|^2 \leqslant \lambda_1 d_1^2(x,y).$$

投影相位恢复[10]是利用信号在一组子空间上投影的范数来恢复信号的方法. 当 P_j 是$\mathbb{R}^d$到它的某个子空间的投影时,有 $x^{\mathrm{T}}P_jx=\|P_jx\|^2$,所以投影相位恢复是广义相位恢复的一种特殊情况($A_j=P_j$). 因此,定理 5.3.3 和定理 5.3.4 对投影相位恢复也成立. 此时,λ_1 有上界 m,且常数 $C=1$.

接下来考虑在模型(4.4.1)下广义相位恢复的 Cramer-Rao 下界. 此时,在 Fisher 信息矩阵的表达式(4.4.3)中,$\varphi(x)=(x^{\mathrm{T}}A_jx)_{j=1}^m$. 并且,为了具有唯一性,仍然假设所有的信号都在一个超半平面上,即存在向量 $e\in\mathbb{R}^d$使得$[x,e]>0$. 把 $\varphi(x)=(x^{\mathrm{T}}A_jx)_{j=1}^m$ 代入式(4.4.3),得到

$$(\mathbb{I}(x))_{k,\ell}=\frac{4}{\sigma^2}\sum_{j=1}^{m}(A_jx)_k(A_jx)_\ell,$$

其中,$(A_jx)_k$ 是 A_jx 的第 k 个分量. 从而 Fisher 信息矩阵可写为

$$\mathbb{I}(x)=\frac{4}{\sigma^2}\sum_{j=1}^{m}(A_jx)(A_jx)^{\mathrm{T}}=\frac{4}{\sigma^2}\sum_{j=1}^{m}A_jxx^{\mathrm{T}}A_j=\frac{4}{\sigma^2}R_x. \quad (5.3.5)$$

由推论 5.3.1,得到矩阵 R_x 是正定的. 再应用定理 4.4.1,得到 Cramer-Rao 下界.

定理 5.3.5 广义相位恢复噪声模型的 Fisher 信息矩阵由式(5.3.5)给出,因此,所有 x 的无偏估计 $\hat{\delta}(x)$的协方差矩阵有 Cramer-Rao 下界,

$$\mathrm{Cov}[\hat{\delta}(x)]\geqslant(\mathbb{I}(x))^{-1}=\frac{\sigma^2}{4}(R_x)^{-1}.$$

从而无偏估计 $\hat{\delta}(x)$ 的均方误差具有下界

$$\mathbb{E}[\|\hat{\delta}(x)-x\|^2 \mid x] \geqslant \frac{\sigma^2}{4}\mathrm{Tr}(R_x^{-1}).$$

对式(5.3.2)中的矩阵取逆，得到

$$\frac{I}{b_0\|x\|^2} \leqslant R_x^{-1} \leqslant \frac{I}{a_0\|x\|^2}.$$

然后计算矩阵的迹得到

$$\frac{d}{b_0|x|^2} \leqslant \mathrm{Tr}(R_x^{-1}) \leqslant \frac{d}{a_0|x|^2}.$$

应用定理 5.3.5，得到无偏估计均方误差如下的界.

推论 5.3.2　若 $A=\{A_j\}_{j=1}^m$ 可广义相位恢复，则对 x 的任何无偏估计 $\hat{\delta}(x)$，都有

$$\mathbb{E}[\|\hat{\delta}(x)-x\|^2 \mid x] \geqslant \frac{\sigma^2 d}{4b_0\|x\|^2}.$$

进一步，任何取得 Cramer-Rao 下界的无偏估计的均方误差具有上界

$$\mathbb{E}[\|\hat{\delta}(x)-x\|^2 \mid x] \leqslant \frac{\sigma^2 d}{4a_0\|x\|^2}.$$

接下来，考虑广义仿射相位恢复的稳定性. 令 $\widetilde{B}_j=(B_j, b_j)$，$\widetilde{A}_j=\widetilde{B}_j^{\mathrm{T}}\widetilde{B}_j$ 和 $\widetilde{x}=(x^{\mathrm{T}},1)^{\mathrm{T}}$，有下面的定理.

定理 5.3.6　假设 $\widetilde{A}=\{\widetilde{A}_j\}_{j=1}^m$ 是一般集且 $m\geqslant 2d$，则 (B,b) 可广义仿射相位恢复. 进一步，存在仅依赖于 (B,b) 的正常数 c_0, c_1, C_0, C_1，对所有的 $x, y\in\mathbb{R}^d$，都有

$$\begin{aligned} c_0(d_2^2(x,y)+d^2(x,y)) &\leqslant \|M_{B,b}(x)-M_{B,b}(y)\|^2 \\ &\leqslant c_1(d_2^2(x,y)+d^2(x,y)), \end{aligned} \tag{5.3.6}$$

$$C_0 d_1^2(x,y) \leqslant \left\|\sqrt{M_{B,b}}(x)-\sqrt{M_{B,b}}(y)\right\|^2 \leqslant C_1 d^2(x,y). \tag{5.3.7}$$

证明：由推论 5.2.1 知，(B,b) 可广义仿射相位恢复. 因为 $\|B_jx+b_j\|^2=\|\widetilde{B}_j\widetilde{x}\|^2=\widetilde{x}^{\mathrm{T}}\widetilde{A}\widetilde{x}$ 蕴含着 $M_{B,b}(x)=M_{\widetilde{A}}(\widetilde{x})$，所以 $\|M_{B,b}(x)-M_{B,b}(y)\|^2=\|M_{\widetilde{A}}(\widetilde{x})-M_{\widetilde{A}}(\widetilde{y})\|^2$. 由定理 5.3.3，有

$$\|M_{B,b}(x)-M_{B,b}(y)\|^2 \simeq d_2^2(\widetilde{x},\widetilde{y}),$$

其中符号"$\simeq$"表示双 Lipschitz 关系. 因为 $d_2^2(\widetilde{x},\widetilde{y})=\|\widetilde{x}+\widetilde{y}\|^2\|\widetilde{x}-\widetilde{y}\|^2=(\|x+y\|^2+4)\|x-y\|^2$，所以存在常数 c_0, c_1，使得式(5.3.6)成立. 类似的，由定理 5.3.4，有

$$\left\|\sqrt{M_{B,b}}(x)-\sqrt{M_{b,b}}(y)\right\|^2 \simeq d_1^2(\widetilde{x},\widetilde{y}).$$

因为 $d_1^2(\widetilde{x},\widetilde{y})=\min\{\|\widetilde{x}+\widetilde{y}\|^2, \|\widetilde{x}-\widetilde{y}\|^2\}=\min\{\|x+y\|^2+4, \|x-y\|^2\}$，所以存在常数 C_0, C_1，使得式(5.3.7)成立.

对比定理 4.5.6,定理 5.3.6 不要求信号在一个紧集上.虽然仿射相位恢复对一个距离来说不具有双 Lipschitz 性质,但测量算子 $M_{B,b}$ 和 $\sqrt{M_{B,b}}$ 对两个距离的组合来说却都是 Lipschitz 有界的.

接下来考虑在模型(4.4.1)下,广义仿射相位恢复的 Cramer-Rao 下界.此时,在 Fisher 信息矩阵的表达式(4.4.3)中,$\varphi(x)=(\|B_jx+b_j\|^2)_{j=1}^m$.经过一些常规的代数运算后可得 $\mathbb{I}=\frac{4}{\sigma^2}R_x^a$,其中 $R_x^a=\sum_{j=1}^m B_j^{\mathrm{T}}(B_jx+b_j)(B_jx+b_j)^{\mathrm{T}}B_j$.

引理 5.3.4 若(B,b)可广义仿射相位恢复,则 Fisher 信息矩阵 R_x^a 对任意的 $x\in\mathbb{R}^d$ 都是正定的.

证明:首先,容易知道 R_x^a 是半正定的.假设存在 $y\in\mathbb{R}^d$,使得 $y^{\mathrm{T}}R_x^a y=0$,即

$$y^{\mathrm{T}}R_x^a y=\sum_{j=1}^m\|(B_jx+b_j)^{\mathrm{T}}B_jy\|^2=0,$$

则对任意的 $j=1,\cdots,m$,都有

$$(B_jx+b_j)^{\mathrm{T}}B_jy=[B_j^{\mathrm{T}}(B_jx+b_j),y]=0.$$

因为(B,b)可广义相位恢复,由定理 5.2.1 知,集合$\{B_j^{\mathrm{T}}(B_jx+b_j)\}_{j=1}^m$ 是 $\mathbb{R}^d$ 的生成集,从而有 $y=0$.

类似于广义相位恢复,利用定理 4.4.1,有下面的定理.

定理 5.3.7 广义仿射相位恢复噪声模型的 Fisher 信息矩阵是$\frac{4}{\sigma^2}R_x^a$.因此,对所有 x 的无偏估计 $\hat{\delta}(x)$ 的协方差矩阵有 Cramer-Rao 下界,

$$\mathrm{Cov}[\hat{\delta}(x)]\geqslant(\mathbb{I}(x))^{-1}=\frac{\sigma^2}{4}(R_x^a)^{-1}.$$

从而,无偏估计 $\hat{\delta}(x)$ 的均方误差具有下界,

$$\mathbb{E}[\|(\hat{\delta}(x))-x\|^2|x]\geqslant\frac{\sigma^2}{4}\mathrm{Tr}((R_x^a)^{-1}).$$

g-框架是框架的一种推广,它是由孙文昌教授在文献[58]中提出的.假设$\{\Lambda_j\}_{j=1}^m$ 是算子集合,若存在两个正常数 c 和 C,使得

$$c\|x\|^2\leqslant\sum_{j=1}^m\|\Lambda_jx\|^2\leqslant C\|x\|^2,\quad\forall x\in\mathbb{R}^d.$$

则称$\{\Lambda_j\}_{j=1}^m$ 是 $\mathbb{R}^d$ 的一个 g-框架.

引理 5.3.5 若(B,b)可广义仿射相位恢复,则集合$\{B_j^{\mathrm{T}}B_j\}_{j=1}^m$ 是 $\mathbb{R}^d$ 的 g-框架.

证明:因为 $\|B_j^{\mathrm{T}}B_jx\|^2=x^{\mathrm{T}}(B_j^{\mathrm{T}}B_j)^2x$,所以和式 $\sum_{j=1}^m\|B_j^{\mathrm{T}}B_jx\|^2$ 有上界

$\Delta := \lambda_{\max}\left(\sum_{j=1}^{m}(B_j^{\mathrm{T}}B_j)^2\right)$. 用反证法证明下界的存在性. 若无下界,则存在向量 $y \in \mathbb{R}^d$,使得$\|y\| = 1$ 且$\sum_{j=1}^{m}\|B_j^{\mathrm{T}}B_jy\|^2 = 0$. 这说明对所有的 $j = 1,\cdots,m$,都有 $B_j^{\mathrm{T}}B_jy = 0$. 因此,有

$$y^{\mathrm{T}}B_j^{\mathrm{T}}B_jy = \|B_jy\|^2 = 0,$$

也就是对所有的 $j=1,\cdots,m$,都有 $B_jy=0$. 因此,得到 $y\neq 0$ 且

$$\|B_jy+b_j\|^2 = \|B_j0+b_j\|^2.$$

这与假设(B,b)可广义仿射相位恢复矛盾.

推论 5.3.3 如果(B,b)可广义仿射相位恢复,则对 x 的任何无偏估计 $\hat{\delta}(x)$都有

$$\mathbb{E}[\|\hat{\delta}(x)-x\|^2 \mid x] \geqslant \frac{\sigma^2 d^2}{8(\Delta\|x\|^2+C)}.$$

证明:由引理 5.3.4 知,矩阵 R_x^a 是正定的,所以不等式 $\mathrm{Tr}(R_x^a)\cdot\mathrm{Tr}((R_x^a)^{-1})\geqslant d^2$ 成立. 利用定理 5.3.7,可以估计均方误差的下界:

$$\mathbb{E}[\|\Phi(Y)-x\|^2 \mid x] \geqslant \frac{\sigma^2 d^2}{4\mathrm{Tr}(R_x^a)} \tag{5.3.8}$$

又由引理 5.3.5,矩阵的迹可估计如下:

$$\begin{aligned}\mathrm{Tr}(R_x^a) &= \sum_{j=1}^{m}\|B_j^{\mathrm{T}}B_jx + B_j^{\mathrm{T}}b_j\|^2\\ &\leqslant 2\sum_{j=1}^{m}\|B_j^{\mathrm{T}}B_jx\|^2 + 2\sum_{j=1}^{m}\|B_j^{\mathrm{T}}b_j\|^2\\ &\leqslant 2\Delta\,\|x\|^2 + 2C,\end{aligned}$$

其中,$C = \sum_{j=1}^{m}\|B_j^{\mathrm{T}}b_j\|^2$. 把上述估计代入式(5.3.8) 得到

$$\mathbb{E}[\|\Phi(Y)-x\|^2 \mid x] \geqslant \frac{\sigma^2 d^2}{8(\Delta\|x\|^2+C)}.$$

推论证毕.

5.4 复广义(仿射)相位恢复的稳定性

本节讨论复情形下广义相位恢复与广义仿射相位恢复的稳定性. 依然从双 Lipschitz 性质和 Cramer-Rao 下界两方面考虑. 令 $H_n(\mathbb{C})$表示复数域$\mathbb{C}$上 $n\times n$ 阶 Hermite 矩阵组成的集合. 对给定的矩阵序列 $A=\{A_j\}_{j=1}^m\subset H_n(\mathbb{C})$,有

$$M_A(x)=(x^*A_1x,\cdots,x^*A_mx),$$

其中，x^* 表示 x 的共轭转置. 类似的，若 A_j 是半正定矩阵，则有

$$\sqrt{M_A}(x)=(\sqrt{x^*A_1x},\cdots,\sqrt{x^*A_mx}).$$

令 $B(\mathbb{C}^n)$ 和 $B(\mathbb{R}^{2n})$ 分别表示 $\mathbb{C}^n$ 和 $\mathbb{R}^{2n}$ 上的线性有界算子. 对任意的 $T\in B(\mathbb{C}^n)$，它的核范数 $\|T\|_1$ 是奇异值序列的 1-范数. 算子 T 的算子范数仍旧记为 $\|T\|$. 给定两个向量 $x,y\in\mathbb{C}^n$，定义距离 $d(x,y)=\|x-y\|$，$d_1(x,y)=\min_{|\alpha|=1}\|x-\alpha y\|$ 和对应于核范数的矩阵距离

$$d_2(x,y)=\|xx^*-yy^*\|_1=\sqrt{(\|x\|^2+\|y\|^2)^2-4|[x,y]|^2}.$$

令 $B_j\in\mathbb{C}^{r_j\times n}$，$b_j\in\mathbb{C}^{r_j}$，其中 r_j 是正整数. 令 $B=\{B_j\}_{j=1}^m$ 且 $b=\{b_j\}_{j=1}^m$，定义算子 $M_{B,b}:\mathbb{C}^n\to\mathbb{R}^m$ 为

$$M_{B,b}(x)=(\|B_1x+b_1\|^2,\|B_2x+b_2\|^2,\cdots,\|B_mx+b_m\|^2).$$

下面主要用复向量和复算子的实化来研究复情形下的相位恢复. 定义实线性映射 $j:\mathbb{C}^n\to\mathbb{R}^{2n}$ 为

$$j(z)=\begin{bmatrix}\Re(z)\\ \Im(z)\end{bmatrix},\quad z\in\mathbb{C}^n,$$

其中，$\Re(z)$ 和 $\Im(z)$ 分别是由 z 的实部和虚部组成的向量. 对任意的 $x,y\in\mathbb{R}^n$，映射 j 的逆可表示为

$$j^{-1}\begin{bmatrix}x\\ y\end{bmatrix}=x+iy.$$

通过如下映射把 $B(\mathbb{C}^n)$ 中的算子映射到 $B(\mathbb{R}^{2n})$ 中：

$$\tau:B(\mathbb{C}^n)\to B(\mathbb{R}^{2n}),\quad \tau(T)=jTj^{-1}.$$

对任意的两个向量 $u,v\in\mathbb{C}^n$，定义它们的对称外积为

$$[\![u,v]\!]=\frac{1}{2}(uv^*+vu^*).$$

令 I_n 表示 $n\times n$ 的单位矩阵且

$$J=\begin{bmatrix}0 & -I_n\\ I_n & 0\end{bmatrix}.$$

则 J 的转置就是 $J^{\mathrm{T}}=-J$. 直接计算可得

$$\tau([\![u,v]\!])=[\![\xi,\eta]\!]+J[\![\xi,]\!]\eta J^{\mathrm{T}},$$

其中，$\xi=j(u)$，$\eta=j(v)$ 且 $[\![\xi,\eta]\!]=\frac{1}{2}(\xi\eta^{\mathrm{T}}+\eta\xi^{\mathrm{T}})$. 记复矩阵 $A_j\in H_n(\mathbb{C})$ 的实部和虚部分别为 D_j 和 C_j，则有 $A_j=D_j+iC_j$，$D_j^{\mathrm{T}}=D_j$，$C_j^{\mathrm{T}}=-C_j$ 且

$$\tau(A_j)=\begin{bmatrix}D_j & -C_i\\ C_j & D_j\end{bmatrix}.$$

令 $\mathrm{Tr}(A_j)$ 表示 A_j 的迹. 则它只与 A_j 的实部有关，这是因为 $\mathrm{Tr}(A_j)=$

$\mathrm{Tr}(D_j+iC_j)=\mathrm{Tr}(D_j)$. 进一步,矩阵 A_j 实化后的迹为 $\mathrm{Tr}(\tau(A_j))=2\mathrm{Tr}(D_j)=2\mathrm{Tr}(A_j)$. 令 $(T,G)_{HS}=\mathrm{Tr}(TG^*)$ 是 T 与 G 的 Hilbert-Schmidt 内积. 因为一个对称矩阵与一个反对称矩阵乘积的迹等于零,所以有

$$[\tau(T),\tau(G)]_{HS}=2[T,G]_{HS},\quad T,G\in H_n(\mathbb{C}). \tag{5.4.1}$$

因为 $J^{\mathrm{T}}\tau(A_j)J=\tau(A_j)$,所以

$$\begin{aligned}(\tau(A_j),J[\![\xi,\eta]\!]J^{\mathrm{T}})_{HS}&=\mathrm{Tr}\ (\tau(A_j)J[\![\xi,\eta]\!]J^{\mathrm{T}})\\&=\mathrm{Tr}\ (J^{\mathrm{T}}\tau(A_j)J[\![\xi,\eta]\!])\\&=(\tau(A_j),[\![\xi,\eta]\!])_{HS}.\end{aligned}$$

从而,得到算子实化前后的关系为

$$\begin{aligned}[\tau(A_j),\tau[\![u,v]\!]]_{HS}&=[\tau(A_j),[\![\xi,\eta]\!]]_{HS}+[\tau(A_j),J[\![\xi,\eta]\!]J^{\mathrm{T}}]_{HS}\\&=2[\tau(A_j),[\![\xi,\eta]\!]]_{HS}.\end{aligned}$$

因为 $\tau(A_j)$是对称的,所以 Hilbert-Schmidt 内积可简化为

$$[\tau(A_j),[\![\xi,\eta]\!]]_{HS}=\eta^{\mathrm{T}}\tau(A_j)\xi=[\tau(A_j)\xi,\eta].$$

从而有

$$[\tau(A_j),\tau[\![u,v]\!]]_{HS}=2[\tau(A_j)\xi,\eta].$$

令

$$R(\xi)=\sum_{j=1}^{m}\tau(A_j)\xi\xi^{\mathrm{T}}\tau(A_j),$$

则有

$$\sum_{j=1}^{m}|[\tau(A_j),\tau[\![u,v]\!]]_{HS}|^2=4[R(\xi)\eta,\eta]. \tag{5.4.2}$$

首先讨论复情形下广义相位恢复的双 Lipschitz 性质. 假设 $A=\{A_j\}_{j=1}^m\subset H_n(\mathbb{C})$,在 $B(\mathbb{C}^n)$上定义$\mathcal{A}$为

$$\mathcal{A}:B(\mathbb{C}^n)\to\mathbb{C}^m,(\mathcal{A}(T))_j=\mathrm{Tr}(TA_j^*),\quad 1\leqslant j\leqslant m.$$

依然用 $S^{1,1}$表示至多有一个正特征值和一个负特征值的 Hermite 矩阵组成的集合,则有下述结论.

定理 5.4.1　令 $A=\{A_j\}_{j=1}^m\subset H_n(\mathbb{C})$,则下述各条等价.

(1) A 可广义相位恢复.

(2) $\ker(A)\cap S^{1,1}=\{0\}$.

(3) 存在常数 $a_0>0$,对所有的 $u,v\in\mathbb{C}^n$,都有

$$\sum_{j=1}^{m}(\Re(v^*A_ju))^2\geqslant a_0[\|u\|^2\|v\|^2-(\Im[u,v])^2]=a_0[\![u,v]\!]_1^2. \tag{5.4.3}$$

(4) 存在常数 $a_0>0$,对所有的非零向量 $\xi\in\mathbb{R}^{2n}$,都有

$$R(\xi)\geqslant a_0\|\xi\|^2P_{J\xi}^{\perp}, \tag{5.4.4}$$

其中不等式是在二次型的意义下成立且 $P_{J\xi}^{\perp}=I-\dfrac{1}{\|\xi\|^2}J\xi\xi^{\mathrm{T}}J^{\mathrm{T}}$.

(5) 对任意的非零向量 $\xi\in\mathbb{R}^{2n}$,都有 $\mathrm{rank}(R(\xi))=2n-1$.

证明:(1)⇔(2). 若存在非零向量 $T\in\ker(A)\cap S^{1,1}$,则由引理 4.3.2 的(1)知,存在非零向量 u,v,使得 $T=[\![u,v]\!]$. 因为 $T\neq0$,所以对任意的 $c\in\mathbb{R}$,都有 $u\neq icv$. 而且 $T\in\ker(A)$说明

$$\|\mathcal{A}(T)\|^2=\sum_{j=1}^{m}|[A_j,[\![u,v]\!]]_{HS}|^2=\sum_{j=1}^{m}(\Re(v^*A_ju))^2=0.$$

这与定理 5.1.2 的(2)矛盾. 反之可类似证明.

(3)⇒(2). 若 $T\in\ker(A)\cap S^{1,1}$,则存在向量 u,v,使得 $T=[\![u,v]\!]$且

$$0=\sum_{j=1}^{m}|[A_j,[\![u,v]\!]]_{HS}|^2\geqslant a_0[\![u,v]\!]_1^2,$$

这说明 $T=0$.

(2)⇒(3). 因为 $\ker(A)\cap S^{1,1}=\{0\}$,所以对任何非零算子 $T=[\![u,v]\!]\in S^{1,1}$,都有 $\|A(T)\|^2=\sum_{j=1}^{m}|[A_j,[\![u,v]\!]]_{HS}|^2>0$. 令

$$a_0=\min\nolimits_{T\in S^{1,1},T_1=1}\sum_{j=1}^{m}|[A_j,T]_{HS}|^2.$$

因为 $S^{1,1}$ 是 $B(\mathbb{C}^n)$ 中的锥,所以由算子 $T\rightarrow\sum_{j=1}^{m}|[A_j,T]_{HS}|^2$ 的齐次性和连续性得到

$$\sum_{j=1}^{m}|[A_j,[\![u,v]\!]]_{HS}|^2\geqslant a_0[\![u,v]\!]_1^2. \tag{5.4.5}$$

由引理 4.3.2 可得

$$\|[\![u,v]\!]\|_1^2=[\|u\|^2\|v\|^2-(\Im[u,v])^2]. \tag{5.4.6}$$

把等式$[A_j,[\![u,v]\!]]_{HS}=\Re(v^*A_ju)$和式(5.4.6)代入式(5.4.5),就得到不等式(5.4.3).

(3)⇔(4). 由式(5.4.1)得

$$[\tau(A_j),\tau[\![u,v]\!]]_{HS}=2[A_j,[\![u,v]\!]]_{HS}=2\,\Re(v^*A_ju).$$

因此式(5.4.3)等价于

$$\frac{1}{4}\sum_{k=1}^{m}|[\tau(A_j),\tau([\![u,v]\!])]_{HS}|^2\geqslant a_0[\|u\|^2\|v\|^2-(\Im[u,v])^2]. \tag{5.4.7}$$

因为$\|u\|=\|\xi\|$，$\|v\|=\|\eta\|$且$(\Im[u,v])^2=\eta^{\mathrm{T}}J\xi\xi^{\mathrm{T}}J^{\mathrm{T}}\eta$，所以

$$\begin{aligned}\|u\|^2\|v\|^2-(\Im[u,v])^2&=\|\xi\|^2\eta^{\mathrm{T}}\eta-\eta^{\mathrm{T}}J\xi\xi^{\mathrm{T}}J^{\mathrm{T}}\eta\\&=[(\|\xi\|^2I_{2n}-J\xi\xi^{\mathrm{T}}J^{\mathrm{T}})\eta,\eta].\end{aligned}\tag{5.4.8}$$

把式(5.4.2)和式(5.4.8)代入式(5.4.7)，就得到不等式(5.4.4).

(4)⇔(5). 由 D_j 的对称性和 C_j 的反对称性可得到 $\xi^{\mathrm{T}}\tau(A_j)J\xi=0$，因此有

$$R(\xi)J\xi=0.$$

考虑到 $R(\xi)$是一个 $2n\times 2n$ 的实矩阵，所以 $R(\xi)$的秩不可能超过 $2n-1$. 若其秩小于 $2n-1$，则存在非零向量 η，使得$[\eta,J\xi]=0$ 且 $R(\xi)\eta=0$. 从而得到 $\eta^{\mathrm{T}}R(\xi)\eta=0$ 且

$$a_0\eta^{\mathrm{T}}\|\xi\|^2P_{J\xi}^{\perp}\eta=a_0(\|\xi\|^2\|\eta\|^2-\eta^{\mathrm{T}}J\xi\xi^{\mathrm{T}}J^{\mathrm{T}}\eta)=a_0\|\xi\|^2\|\eta\|^2>0,$$

但这与式(5.4.4)矛盾. 从而就证明了(5). 反之，假设对所有的 $\xi\neq 0$，都有 $\mathrm{rank}(R(\xi))=2n-1$. 令 $a(\xi)$是 $R(\xi)$的最小非零特征值，则有 $R(\xi)\geqslant a(\xi)P_{J\xi}^{\perp}$. 定义 $a_0=\min_{\|\xi\|=1}a(\xi)$，则常数 $a_0>0$. 再由 $R(\xi)$ 的齐次性，得到 $a(\xi)=a_0\|\xi\|^2$. 这就证明了(4).

定理 5.4.2　令$\{A_j\}_{j=1}^m\subset H_n(\mathbb{C})$可广义相位恢复，则测量算子 M_A 关于距离 $\|xx^*-yy^*\|_1^2$是双 Lipschitz 的. 其 Lipschitz 上界为

$$B_0=\sqrt{\max_{\xi\in\mathbb{R}^{2n},\|\xi\|=1}\|R(\xi)\|}$$

下界为

$$A_0=\sqrt{\min_{\xi\in\mathbb{R}^{2n},\|\xi\|=1}a_{2n-1}(R(\xi))},$$

其中，$a_{2n-1}(R(\xi))$是 $R(\xi)$的最小非零特征值.

证明:对任意的 $x,y\in\mathbb{C}^n$，由 M_A 的定义可得

$$\begin{aligned}M_A(x)-M_A(y)^2&=\sum_{j=1}^m|x^*A_jx-y^*A_jy|^2\\&=\sum_{j=1}^m|[A_j,xx^*-yy^*]_{HS}|^2.\end{aligned}$$

把 $u=x+y$ 和 $v=x-y$ 代入上式并应用式(5.4.1)得

$$\begin{aligned}M_A(x)-M_A(y)^2&=\sum_{j=1}^m|[A_j,[\![u,v]\!]]_{HS}|^2\\&=\frac{1}{4}\sum_{j=1}^m|[\tau(A_j),\tau[\![u,v]\!]]_{HS}|^2\\&=[R(\xi)\eta,\eta],\end{aligned}$$

其中，$\xi=j(u)$，$\eta=j(v)$. 如式(5.4.8)所示，$\|[\![u,v]\!]\|_1^2=\|\xi\|^2[P_{J\xi}^{\perp}\eta,P_{J\xi}^{\perp}\eta]$成立. 所以对 $\eta\in\{\mathrm{span}\{J\xi\}\}^{\perp}$，有

$$\sup_{\xi,\eta\neq 0}\frac{[R(\xi)\eta,\eta]}{\|[\![u,v]\!]\|_1^2}=\sup_{\xi,\eta\neq 0}\frac{[R(\xi)\eta,\eta]}{\|\xi\|^2[\eta,\eta]}=\sup_{\xi\neq 0}\frac{\|R(\xi)\|}{\|\xi\|^2}$$
$$=\max_{\|\xi\|=1}\|R(\xi)\|=B_0^2.$$

又因为对 $\eta\in\operatorname{span}\{J\xi\}$，有 $[R(\xi)\eta,\eta]=0$ 和 $\|[\![u,v]\!]\|_1^2=0$ 成立，所以

$$M_A(x)-M_A(y)\leqslant B_0[\![u,v]\!]_1=B_0\|xx^*-yy*\|_1.$$

类似的，也可以得到

$$\|M_A(x)-M_A(y)\|\geqslant A_0\|xx^*-yy*\|_1.$$

定理证毕.

下面的引理说明了在复情形下，距离 d_1 和 d_2 的关系.

引理 5.4.1 对任意的 $x,y\in\mathbb{C}^n$，若 $\|x\|+\|y\|\neq 0$，则距离 d_1 和 d_2 有下述关系

$$d_1^2(x,y)\leqslant\frac{d_2^2(x,y)}{\|x\|^2+\|y\|^2}.$$

证明: 取 $\alpha_0=\alpha_0(x,y)=\dfrac{[x,y]}{|[x,y]|}$，则 α_0 的模是 1 且

$$d_1^2(x,y)=\min_{|\alpha|=1}\|x-\alpha y\|^2\leqslant\min\{\|x-\alpha_0 y\|^2,\|x+\alpha_0 y\|^2\}.$$

由平行四边形法则得 $\|x-\alpha_0 y\|^2+\|x+\alpha_0 y\|^2=2(\|x\|^2+\|y\|^2)$. 从而有

$$\min\{\|x-\alpha_0 y\|^2,\|x+\alpha_0 y\|^2\}\leqslant\frac{\|x-\alpha_0 y\|^2\|x+\alpha_0 y\|^2}{\|x\|^2+\|y\|^2}.$$

因为 $[x,\alpha_0 y]=|[x,y]|$，所以

$$\begin{aligned}\|x-\alpha_0 y\|^2\|x+\alpha_0 y\|^2&=(\|x\|^2+\|y\|^2)^2-4(\Re[x,\alpha_0 y])^2\\&=(\|x\|^2+\|y\|^2)^2-4|[x,y]|^2\\&=d_2^2(x,y).\end{aligned}$$

综合上述不等式，得到关系式

$$d_1^2(x,y)=\min_{|\alpha|=1}\|x-\alpha y\|^2\leqslant\frac{d_2^2(x,y)}{\|x\|^2+\|y\|^2}.$$

引理证毕.

利用引理 5.4.1，可以用类似于定理 5.3.4 的方法证明测量算子 $\sqrt{M_A}$ 具有双 Lipschitz 性质.

定理 5.4.3 假设 $\{A_j\}_{j=1}^m\subset H_n(\mathbb{C})$ 可广义相位恢复且所有的 A_j 都是半正定的，则测量算子 $\sqrt{M_A}$ 关于距离 $d_1(x,y)=\min_{\alpha=1}\{\|x-\alpha y\|\}$ 是双 Lipschitz 的，

$$\frac{a_0}{2C}d_1^2(x,y)\leqslant\left\|\sqrt{M_A}(x)-\sqrt{M_A}(y)\right\|^2\leqslant\lambda_1 d_1^2(x,y),$$

其中，C 是 $\{A_j\}_{j=1}^m$ 的一致算子上界且 λ_1 是矩阵 $\sum_{j=1}^m A_j$ 的最大特征值.

下面的定理说明了复情形下广义仿射相位恢复的稳定性.

定理 5.4.4　令 $\widetilde{A}_j=(B_j^*,b_j^*)^*(B_j,b_j)$，假设 $\widetilde{A}=\{\widetilde{A}_j\}_{j=1}^m$ 是一般的且 $m\geqslant 4n-1$，则 (B,b) 可广义仿射相位恢复. 进一步，存在仅依赖于 (B,b) 的正常数 c_0,c_1,C_0,C_1，对所有的 $x,y\in\mathbb{C}^n$，都有

$$c_0(d_2^2(x,y)+d^2(x,y))\leqslant\|M_{B,b}(x)-M_{B,b}(y)\|^2$$
$$\leqslant c_1(d_2^2(x,y)+d^2(x,y)),\qquad(5.4.9)$$
$$C_0d_1^2(x,y)\leqslant\left\|\sqrt{M_{B,b}}(x)-\sqrt{M_{B,b}}(y)\right\|^2\leqslant C_1d^2(x,y).\qquad(5.4.10)$$

证明：因为 $\widetilde{A}$ 是一般的，所以 (B,b) 也是一般的. 再由定理 5.2.3，就得到 (B,b) 可广义仿射相位恢复. 当 $x\in\mathbb{C}^n$ 且 $\tilde{x}=(x^*,1)^*$ 时，等式 $\|B_jx+b_j\|^2=\tilde{x}^*\widetilde{A}\tilde{x}$ 可写为 $M_{B,b}(x)=M_{\widetilde{A}}(\tilde{x})$. 结合定理 5.4.2，有

$$\|M_{B,b}(x)-M_{B,b}(y)\|^2\simeq d_2^2(\tilde{x},\tilde{y}),$$

其中，符号"$\simeq$"表示双 Lipschitz 关系. 直接计算距离得到

$$d_2^2(\tilde{x},\tilde{y})=(\|\tilde{x}\|^2+\|\tilde{y}\|^2)^2-4|[\tilde{x},\tilde{y}]|^2=d_2^2(x,y)+4d^2(x,y).$$

因此，存在常数 c_0,c_1，使得式(5.4.9)成立. 类似的，应用定理 5.4.3 得到

$$\left\|\sqrt{M_{B,b}}(x)-\sqrt{M_{B,b}}(y)\right\|^2\simeq d_1^2(\tilde{x},\tilde{y}).$$

因为 $d_1^2(\tilde{x},\tilde{y})=\min_{|\alpha|=1}\{\|x-\alpha y\|^2+|1-\alpha|^2\}$，所以有不等式

$$d_1^2(x,y)\leqslant d_1^2(\tilde{x},\tilde{y})\leqslant d^2(x,y).$$

因此，存在常数 C_0,C_1，使得式(5.4.10)成立.

接下来仍然在模型(4.4.1)的假设下，讨论复情形下广义相位恢复和广义仿射相位恢复的 Cramer-Rao 下界性质. 因为模型(4.4.1)的假设是在实情形下给出的，所以仍旧用实化方法以适应模型的假设.

首先考虑广义相位恢复. 记 $\xi=j(x)$ 是 x 实化后的向量，则此时在式(4.4.3)中 $\varphi(x)=x^*A_jx=\xi^{\mathrm{T}}\tau(A_j)\xi$. 把 ξ 看成是参数，并用它代替式(4.4.3)中的 x. 因此，得到如下的 Fisher 信息矩阵表达式：

$$(\mathbb{I}(\xi))_{m,\ell}=\frac{4}{\sigma^2}\sum_{j=1}^m\tau(A_j)\xi\xi^{\mathrm{T}}\tau(A_j).$$

为了得到唯一解，仍然假设所有的信号 x 在一个超半平面上，即存在向量 $z_0\in\mathbb{C}^n$，对任意的 x，都有 $[x,z_0]>0$. 定义集合 $H_{z_0}=\{\xi=j(x):[x,z_0]>0,x\in\mathbb{C}^n\}$，则广义相位恢复的 Cramer-Rao 下界刻画如下.

定理 5.4.5　假设测量算子 M_A 可广义相位恢复，且存在向量 $z_0\in\mathbb{C}^n$，对所有的 $x\in\mathbb{C}^n$，都有 $[x,z_0]>0$，则 x 的无偏估计 $\hat{\delta}$ 的协方差矩阵有下界，

$$\mathrm{Cov}(\mathrm{j}(\hat{\delta}))\geqslant\frac{\sigma^2}{4}\Big(\sum_{j=1}^m\tau(A_j)\xi\xi^{\mathrm{T}}\tau(A_j)\Big)^{\dagger},\quad\xi\in H_{z_0},\quad(5.4.11)$$

其中，$\dagger$ 表示 Moore-Penrose 伪逆. 特别的，无偏估计 $\hat{\delta}$ 的均方误差有下界，

$$\mathrm{MSE}(\hat{\delta}) = \mathbb{E}[\|x-\hat{\delta}\|^2] \geqslant \frac{\sigma^2}{4}\mathrm{Tr}\left\{\left(\sum_{j=1}^{m}\tau(A_j)\xi\xi^{\mathrm{T}}\tau(A)_j\right)^{\dagger}\right\}. \tag{5.4.12}$$

证明：在定理 4.4.2 中取 $g(\xi)=\xi$，并用 $\hat{\delta}$ 实化后的向量 $j(\hat{\delta})$ 代替 $\hat{\delta}$，就得到了不等式(5.4.11). 对不等式(5.4.11)取迹并应用 $\|x-\hat{\delta}\| = \|\xi-\mathrm{j}(\hat{\delta})\|$，得到了不等式(5.4.12).

接下来考虑广义仿射相位恢复在复情形下的 Cramer-Rao 下界. 类似于引理 5.3.5，可以证明，若 (B,b) 可广义仿射相位恢复，则集合 $\{B_j^{\mathrm{T}}B_j\}_{j=1}^m$ 是 $\mathbb{C}^n$ 的一个 g-框架. 记框架上界为 Δ，即

$$\sum_{j=1}^{m}\|B_j^{\mathrm{T}}B_jx\|^2 \leqslant \Delta\|x\|^2.$$

此时，在式(4.4.3)中，

$$\varphi(x)=(\|B_jx+b_j\|)_{j=1}^m=(\tau(B_j)\xi+j(b_j))_{j=1}^m.$$

定义 $R_x^a = \sum_{j=1}^{m}B_j^{\mathrm{T}}(B_jx+b_j)(B_jx+b_j)^{\mathrm{T}}B_j$. 通过常规代数运算可得，此时的 Fisher 信息矩阵是

$$\mathbb{I}^a(\xi) = \frac{4}{\sigma^2}\tau(R_x^a) = \sum_{j=1}^{m}\tau(B_j^{\mathrm{T}})(\tau(B_j)\xi+j(b_j))(\tau(B_j)\xi+j(b_j))^{\mathrm{T}}\tau(B_j).$$

定理 5.4.6 广义仿射相位恢复噪声模型的 Fisher 信息矩阵是 $\frac{4}{\sigma^2}\tau(R_x^a)$. 因此，对 x 的任何无偏估计 $\hat{\delta}$，协方差矩阵具有 Cramer-Rao 下界，

$$\mathrm{Cov}[\mathrm{j}(\hat{\delta})] \geqslant (\mathbb{I}^a(x))^{-1}\frac{\sigma^2}{4}(\tau(R_x^a))^{-1}. \tag{5.4.13}$$

进一步，无偏估计 $\hat{\delta}$ 的均方误差具有下界

$$\mathbb{E}[\|x-\hat{\delta}\|^2] \geqslant \frac{\sigma^2n^2}{16(\Delta x^2+C)}.$$

证明：对实化后的噪声模型 $Y=\varphi(x)+Z$ 应用定理 4.4.1，就得到了不等式(5.4.13). 对式(5.4.13)两边取迹，

$$\mathbb{E}[\|x-\hat{\delta}\|^2] \geqslant \frac{\sigma^2}{4}\mathrm{Tr}((\tau(R_x^a))^{-1}).$$

因为对任意的 $n\times n$ 阶可逆矩阵 Q，都有 $\mathrm{Tr}(Q)\cdot\mathrm{Tr}(Q^{-1}) \geqslant n^2$，所以

$$\mathrm{Tr}((\tau(R_x^a))^{-1}) \geqslant \frac{n^2}{\mathrm{Tr}(\tau(R_x^a))}. \tag{5.4.14}$$

进一步，由集合 $\{B_j^{\mathrm{T}}B_j\}_{j=1}^m$ 的 g-框架性质得到

$$\mathrm{Tr}\tau(R_x^a) = 2\mathrm{Tr}(R_x^a) = 2\sum_{j=1}^{m}\|B_j^{\mathrm{T}}B_jx+B_j^{\mathrm{T}}b_j\|^2 \leqslant 4\Delta\|x\|^2+4C,$$

其中，$C=\sum_{j=1}^{m}\|B_j^{\mathrm{T}}b_j\|^2$. 把上述不等式代入式(5.4.14)，就得到了

$$\mathbb{E}[\|x-\hat{\delta}\|^2]\geqslant\frac{\sigma^2}{4}\cdot\frac{n^2}{4(\Delta\|x\|^2+C)}=\frac{\sigma^2n^2}{16(\Delta\|x\|^2+C)}.$$

定理证毕.

第 6 章　具有微分关系的小波

本章首先简要介绍直线上和区间上的小波,然后分析构造具有微分关系的小波,它在利用无散度和无旋度的小波研究微分方程的数值解中具有重要作用.

6.1　直线上的小波

小波分析产生于 20 世纪 80 年代中后期. I. Daubechies 借助于 Mallat 与 Meyer 提出的多分辨率分析(Multiresolution Analysis,MRA)概念,最先构造了直线上具有紧支集的正交小波.

定义 6.1.1　设$\{V_j\}_{j\in\mathbb{Z}}$是 $L^2(\mathbb{R})$中的闭子空间序列,如果满足以下条件,则称其是 $L^2(\mathbb{R})$的一个多分辨率分析:

(1) $V_j\subset V_{j+1}, j\in\mathbb{Z}$;

(2) $f(x)\in V_j$ 当且仅当 $f(2x)\in V_{j+1}$;

(3) $\overline{\bigcup_j V_j}=L^2(\mathbb{R})$且$\bigcap_j V_j=\{0\}$;

(4) 存在函数 $\phi\in L^2(\mathbb{R})$使得$\{\phi(x-k)\}$形成 V_0 的一个 Riesz 基.

函数 ϕ 称为尺度函数. 若$\{\phi(x-k)\}$为标准正交系,则称 ϕ 为正交尺度函数.

由(1)可知存在$\ell^2(\mathbb{Z})$中的序列$\{h_k\}_{k\in\mathbb{Z}}$,使得

$$\phi(x)=\sum_k h_k\phi(2x-k). \tag{6.1.1}$$

细分方程(6.1.1)在小波分析中扮演重要角色. 事实上,当式(6.1.1)成立时,令 $\phi_{j,k}(x)=2^{\frac{j}{2}}\phi(2^jx-k)$,则闭子空间列 $V_j:=\overline{\operatorname{span}}\{\phi_{j,k},k\in\mathbb{Z}\}$满足定义中的(1)和(2). 进一步,(4)等价于存在正数 A 与 B,使得

$$A\leqslant\sum_k|\hat{\phi}(\omega+2\pi k)|^2\leqslant B. \tag{6.1.2}$$

若 $\phi\in L^2(\mathbb{R})$,则(3)的第二条自然成立,而第一条也有下述简单的判别准则.

定理 6.1.1　设 ϕ 是细分函数且 $V_j:=\overline{\operatorname{span}}\{\phi(2^jx-k):k\in\mathbb{Z}\}$,则$\overline{\bigcup_{j\in\mathbb{Z}}V_j}=L^2(\mathbb{R})$当且仅当

$$\bigcup_{j\in\mathbb{Z}}\mathrm{supp}(\hat{\phi}(2^j x)=(\mathbb{R}) \tag{6.1.3}$$

几乎处处成立，其中 supp $f:=\{x:f(x)\neq 0\}$ 表示函数 f 的支集.

上述结论表明若函数 $\phi\in L^2(\mathbb{R})$ 满足式(6.1.1)～式(6.1.3)，它就是一个尺度函数. 给定尺度函数 $\phi(x)=\sum\limits_k h_k\phi(2x-k)$，称函数 $m(\omega):=\frac{1}{2}\sum\limits_k h_k \mathrm{e}^{-ik\omega}$ 为 ϕ 的符号. 显然，尺度函数与符号之间有关系式 $\hat{\phi}(2\omega)=m(\omega)\hat{\phi}(\omega)$. 当 ϕ 为非正交尺度函数时，需要考虑其对偶尺度函数 $\tilde{\phi}$. 记 $\widetilde{m}(\omega)$ 是 $\tilde{\phi}$ 的符号，则下述结论成立.

定理 6.1.2[66]　设 $m(\omega)=\mathrm{e}^{-im\omega}\left(\cos\frac{\omega}{2}\right)^l S(\cos\omega)$，$\widetilde{m}(\omega)=\mathrm{e}^{-im\omega}\left(\cos\frac{\omega}{2}\right)^{\tilde{l}}\widetilde{S}(\cos\omega)$，其中整数 $l,\tilde{l},M$ 满足关系 $l+\tilde{l}=2M$. 若 T 是奇函数，且

$$S(1-2x)\widetilde{S}(1-2x)=\sum_{k=0}^{M-1}C_{M-1+k}^k x^k+x^M T(1-2x),$$

其中，$x=\sin^2\left(\frac{\omega}{2}\right)$，则 $m(\omega)\overline{\widetilde{m}(\omega)}+m(\omega+\pi)\overline{\widetilde{m}(\omega+\pi)}=1$.

定理 6.1.2 常被用来构造对偶尺度函数. 在逼近论和数值分析中，精度的概念是重要的.

定义 6.1.2　若所有次数不超过 $d-1$ 的多项式都可以用 $\phi(x-k)$ $(k\in\mathbb{Z})$的线性组合表示出来，即存在 $\alpha_{k,r}\in\mathbb{R}$，使得

$$x^r=\sum_{k\in\mathbb{Z}}\alpha_{k,r}\phi(x-k),\quad x\in\mathbb{R},r=0,\cdots,d-1$$

成立，则称尺度函数 ϕ 具有 d 阶精度.

特别的，d 阶 B 样条具有 d 阶精度. 一个重要的结论是尺度函数的精度决定相应的函数空间 V_j 对空间 $L^2(\mathbb{R})$的逼近速度，同时也决定相应小波系数的衰减性. 从多分辨率分析的定义可知 V_j 与 V_{j+1} 相差一个二进制分辨率，它们之间的差可以用小波空间 W_j 来表示，其中 $V_{j+1}=V_j\oplus W_j$. 这里，$\oplus$表示直和，不必是正交和. 为构造双正交小波，还需另外一套多分辨率分析$\{\widetilde{V}_j\}$且满足

$$\begin{cases}V_{j+1}=V_j\oplus W_j, & W_j\perp\widetilde{V}_j;\\ \widetilde{V}_{j+1}=\widetilde{V}_j\oplus\widetilde{W}_j, & \widetilde{W}_j\perp V_j.\end{cases}$$

Y. Meyer 首先构造了 W_j 中的标准正交基 $\psi_{j,k}$[67]，但此小波不具有紧支集. I. Daubechies 随后构造了具有紧支集的正交小波[68]，这类小波已经被成功地应用于许多领域. 1992 年，Cohen、Daubechies 和 Feauveau(以下简称 CDF)构

造了双正交小波 ψ 及 $\tilde{\psi}$[69]，相应的 $\psi_{j,k}\in W_j$，$\tilde{\psi}_{j,k'}\in \widetilde{W}_j$ 且 $[\psi_{j,k},\tilde{\psi}_{j',k'}]=\delta_{j,j'}\delta_{k,k'}$. 他们的工作依赖于下面的定理.

定理 6.1.3 设 $\{h_n\}_n$，$\{\tilde{h}_n\}_n$ 是有限的实数列，且 $\sum\limits_n h_n\tilde{h}_{n+2k}=\delta_{k,0}$. 定义

$$m_0(\xi)=2^{-1/2}\sum_n h_n \mathrm{e}^{-in\xi},\quad \widetilde{m}_0(\xi)=2^{-1/2}\sum_n \tilde{h}_n \mathrm{e}^{-in\xi},$$

$$\hat{\phi}(\xi)=(2\pi)^{-1/2}\prod_{j=1}^{\infty} m_0(2^{-j}\xi),\quad \hat{\tilde{\phi}}(\xi)=(2\pi)^{-1/2}\prod_{j=1}^{\infty}\widetilde{m}_0(2^{-j}\xi).$$

若存在常数 $C,\varepsilon>0$ 使得 $|\hat{\phi}(\xi)|\leqslant C(1+|\xi|)^{-1/2-\varepsilon}$，$|\hat{\tilde{\phi}}(\xi)|\leqslant C(1+|\xi|)^{-1/2-\varepsilon}$，则 $\{\psi_{j,k}(x),j,k\in\mathbb{Z}\}$ 形成空间 $L^2(\mathbb{R})$ 的框架，其对偶框架为 $\tilde{\psi}_{j,k}$. 这里

$$\psi(x):=\sqrt{2}\sum_n(-1)^n\tilde{h}_{-n+1}\phi(2x+n),$$

$$\tilde{\psi}(x):=\sqrt{2}\sum_n(-1)^n h_{-n+1}\tilde{\phi}(2x+n).$$

进一步，$\psi_{j,k}$ 和 $\tilde{\psi}_{j,k}$ 为双正交对偶 Riesz 基的充要条件是 $\int\phi(x)\,\tilde{\phi}(x-k)\mathrm{d}x=\delta_{k,0}$.

假设 $N_d(x):=B_{(0,1,\cdots,d)}(x)$ 是 B 样条函数. 为了满足对称性的需要，记

$$\phi^d(x):=N_d\left(x+\left|\frac{d}{2}\right|\right),\tag{6.1.4}$$

相应的细分方程为

$$\phi(x)=\sqrt{2}\sum_{k=\ell_1}^{\ell_2}h_k\phi(2x-k),\tag{6.1.5}$$

其中 $\operatorname{supp}\phi=[\ell_1,\ell_2]:=\left[-\left|\frac{d}{2}\right|,\left|\frac{d}{2}\right|\right]$ 且 $h_k=2^{\frac{1}{2}-d}\begin{pmatrix} d\\ k+\left|\frac{d}{2}\right|\end{pmatrix}$. 这里，$|x|$（$|x|$）表示小于（大于）或等于 x 的最大（小）的整数. 函数 ϕ^2 和 ϕ^3 的图像见图 6.1.1。

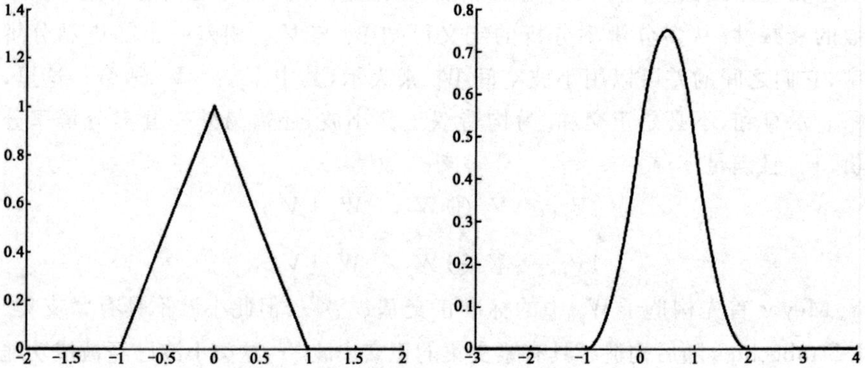

图 6.1.1 样条函数 ϕ^2（左）及样条函数 ϕ^3（右）

当 $d+\tilde{d}$ 是偶数时，ϕ 的对偶尺度函数 $\tilde{\phi}=\tilde{\phi}^{d,\tilde{d}}$ 满足

$$\operatorname{supp}\tilde{\phi}=[\tilde{\ell}_1,\tilde{\ell}_2]:=\left[-\tilde{d}-\left|\frac{d}{2}\right|+1,\tilde{d}+\left|\frac{d}{2}\right|-1\right],$$

$$\phi(x+\mu(d))=\phi(-x),\quad \tilde{\phi}(x+\mu(d))=\tilde{\phi}(-x),$$

其中，$\mu(d):=d\bmod 2$. 显然，$\ell_1+\ell_2=\tilde{\ell}_1+\tilde{\ell}_2=\mu(d)$，而 CDF 小波 $\psi^{d,\tilde{d}}$ 和它的对偶 $\tilde{\psi}^{d,\tilde{d}}$ 可写为

$$\psi^{d,\tilde{d}}(x):=\sqrt{2}\sum_{k=1-\tilde{\ell}_2}^{1-\tilde{\ell}_1}b_k\phi(2x-k),\quad \tilde{\psi}(x)^{d,\tilde{d}}:=\sqrt{2}\sum_{1-\ell_2}^{1-\ell_1}\tilde{b}_k\tilde{\phi}(2x-k),$$

其中 $b_k:=(-1)^k\tilde{h}_{1-k}$，$\tilde{b}_k:=(-1)^k h_{1-k}$. 容易看出

$$\operatorname{supp}\psi=\left[\frac{1}{2}(\ell_1-\tilde{\ell}_2+1),\frac{1}{2}(\ell_2-\tilde{\ell}_1+1)\right],$$

$$\operatorname{supp}\tilde{\psi}=\left[\frac{1}{2}(\tilde{\ell}_1-\ell_2+1),\frac{1}{2}(\tilde{\ell}_2-\ell_1+1)\right].$$

当 $(d,\tilde{d})=(2,2)$，$(d,\tilde{d})=(3,5)$ 时，相应的小波 ψ 和 $\tilde{\psi}$ 如图 6.1.2 和图 6.1.3 所示.

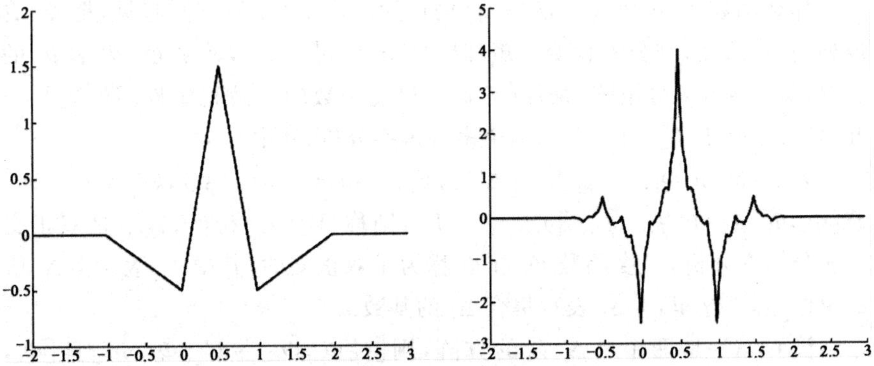

图 6.1.2　小波 $\psi^{2,2}$(左)及其对偶小波 $\tilde{\psi}^{2,2}$(右)

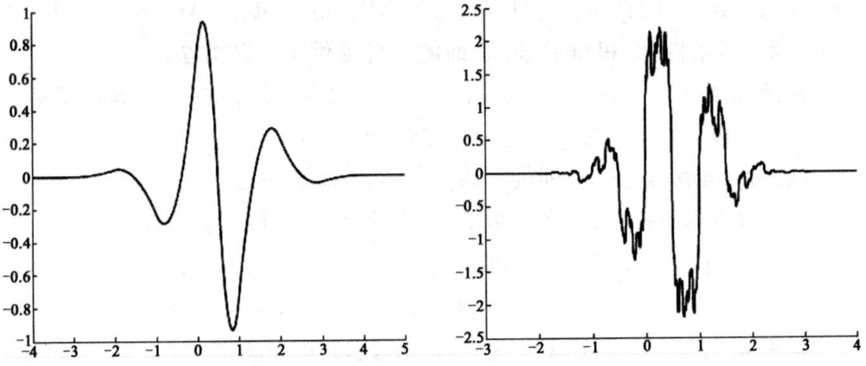

图 6.1.3　小波 $\psi^{2,2}$(左)及其对偶小波 $\tilde{\psi}^{2,2}$(右)

6.2 区间上的小波

区间上的小波是人们在实际应用中提出的. 在用数值方法求解微分方程时,区间小波可以减少因用直线上的小波在边界上带来的误差. 虽然两类小波差别很大,但都依赖于多分辨率分析的概念.

定义 6.2.1 设 $j_0\in\mathbb{N}$,对 $j\geqslant j_0$,$\Delta_j\subset\mathbb{Z}$为有限集,且

$$\Phi_j:=\{\phi_{j,k}\in L^2([0,1]),k\in\Delta_j\}$$

是线性无关的函数集. 子空间序列 $\{V_j:=\mathrm{span}\Phi_j\}_{j\geqslant j_0}$ 称为 $L^2([0,1])$ 的多分辨率分析,如果以下三个条件成立:

(1) $V_{j-1}\subset V_j,j>j_0$;

(2) $\overline{\bigcup_{j\geqslant j_0}V_j}=L^2([0,1])$;

(3) 对所有的 $j\geqslant j_0$,Φ_j 是 V_j 的 Riesz 基且 Riesz 界不依赖于 j.

那么函数集 $\Phi_j=\{\phi_{j,k},k\in\Delta_j\}$ 仍称为尺度函数. 为方便起见,把 Φ_j 看成列向量. 那么,细分方程变为矩阵形式 $\Phi_j^T=\Phi_{j+1}^TM_{j,0}$,其中 Φ_j^T 表示 Φ_j 的转置,$M_{j,0}$ 称为细分矩阵. 条件(3)称为尺度函数的一致稳定性. 设 $\{V_j\}_{j\geqslant j_0}$ 和 $\{\widetilde{V}_j\}_{j\geqslant j_0}$ 是 $L^2([0,1])$ 上的两个多分辨率分析,其中

$$V_j:=\mathrm{span}\{\Phi_j:=\{\phi_{j,k},k\in\Delta_j\}\},\widetilde{V}_j:=\mathrm{span}\{\widetilde{\Phi}_j:=\{\widetilde{\phi}_{j,k},k\in\Delta_j\}\}.$$

若 $[\Phi_j,\widetilde{\Phi}_j]:=([\phi_{j,k},\widetilde{\phi}_{j,k'}])_{k,k'\in\Delta_j}=I_{\Delta_j}$,则称 $\{V_j\}_{j\geqslant j_0}$ 和 $\{\widetilde{V}_j\}_{j\geqslant j_0}$ 是双正交的多分辨率分析,尺度函数 Φ_j 和 $\widetilde{\Phi}$ 称为是双正交的,其中 I_{Δ_j} 表示 $\#\Delta_j$ 阶的单位矩阵. 这里,$\#\Delta_j$ 表示集合 Δ_j 的基数.

设 C_1,C_2 是两个 $\#\Delta_j$ 阶的方阵,则 $[C_1\Phi_j,\widetilde{\Phi}_j]=C_1[\Phi_j,\widetilde{\Phi}_j]$ 且 $[\Phi_j,C_2\widetilde{\Phi}_j]=[\Phi_j,\widetilde{\Phi}_j]C_2^T$. 故当 Φ_j 和 $\widetilde{\Phi}_j$ 双正交时,有

$$I_{\Delta_j}=[\Phi_j,\widetilde{\Phi}_j]=[M_{j,0}^T\Phi_{j+1},\widetilde{M}_{j,0}^T\widetilde{\Phi}_{j+1}]=M_{j,0}^T[\Phi_{j+1},\widetilde{\Phi}_{j+1}]\widetilde{M}_{j,0}=M_{j,0}^T\widetilde{M}_{j,0}.$$

一般的,条件(3)很难验证. 下面的定理提供了一种方法.

定理 6.2.1[70] 设 $\Phi_j=\{\phi_{j,k},k\in\Delta_j\}$ 与 $\widetilde{\Phi}_j=\{\widetilde{\phi}_{j,k},k\in\Delta_j\}$ 满足下述三个条件,则 $\{\Phi_j\}_{j\geqslant j_0}$ 与 $\{\widetilde{\Phi}_j\}_{j\geqslant j_0}$ 是一致稳定的.

(1) Φ_j 和 $\widetilde{\Phi}_j$ 双正交,即 $[\phi_{j,k},\widetilde{\phi}_{j,k'}]=\delta_{k,k'},k,k'\in\Delta_j$;

(2) 对所有 $k\in\Delta_j$,存在常数 $C>0$ 使得 $\|\phi_{j,k}\|,\|\widetilde{\phi}_{j,k}\|\leqslant C$;

(3) Φ_j 与 $\widetilde{\Phi}_j$ 是局部有限,即 $\sigma_{j,k}:=\mathrm{supp}\phi_{j,k},\widetilde{\sigma}_{j,k}:=\mathrm{supp}\widetilde{\phi}_{j,k},k\in\Delta_j$,满足 $\#\{k'\in\Delta_j:\sigma_{j,k'}\cap\sigma_{j,k}\neq\varnothing\}+\#\{k'\in\Delta_j:\widetilde{\sigma}_{j,k'}\cap\widetilde{\sigma}_{j,k}\neq\varnothing\}\leqslant C$.

定理 6.2.2[70] 设 $\phi,\widetilde{\phi}$ 是一对细分函数,其中 $\mathrm{supp}\phi=[\ell_1,\ell_2]$,$\mathrm{supp}\,\widetilde{\phi}=[\widetilde{\ell}_1,\widetilde{\ell}_2]$ 且 $\phi(\widetilde{\phi})$ 具有精度 $d(\widetilde{d})$,$\widetilde{\ell}\geqslant-\widetilde{\ell}_1$,$\alpha_{m,r}:=[\phi(\cdot-m),(\cdot)^r]$. 定义

$$\tilde{\theta}^L_{j,\tilde{\ell}-\tilde{d}+r} := \sum_{m=-\tilde{\ell}_2+1}^{\tilde{\ell}-1} \alpha_{m,r}\tilde{\phi}_{j,m}|_{\mathbb{R}_+}, \quad r=0,\cdots,\tilde{d}-1,$$

则对 $r=0,\cdots,\tilde{d}-1$，有

$$\tilde{\theta}^L_{j,\tilde{\ell}-\tilde{d}+r} = 2^{-(r+1/2)}\Big(\tilde{\theta}^L_{j+1,\tilde{\ell}-\tilde{d}+r} + \sum_{m=\tilde{\ell}}^{2\tilde{\ell}+\tilde{\ell}_1-1} \alpha_{m,r}\tilde{\phi}_{j+1,m}\Big) + \sum_{m=2\tilde{\ell}+\tilde{\ell}_1}^{2\tilde{\ell}+\tilde{\ell}_2-2} \beta_{m,r}\tilde{\phi}_{j+1,m},$$

其中，$\beta_{m,r} := 2^{-\frac{1}{2}} \sum_{q=\left\lceil \frac{m-\tilde{\ell}_2}{2} \right\rceil}^{\tilde{\ell}-1} \alpha_{q,r}\tilde{a}_{m-2q}$ 且 $\tilde{a}_k$ 是 $\tilde{\phi}$ 的细分系数.

通过观察文献[70]中对此定理的证明，容易发现当 $\tilde{\ell}=-\tilde{\ell}_1$ 时，$\tilde{\theta}_{j,\tilde{\ell}-\tilde{d}+r}$ 表达式中的中间项变为零. 文献[70]的作者选择参数 $\tilde{\ell}\geqslant\tilde{\ell}_2$ 来构造尺度函数，本书选取 $\tilde{\ell}=-\tilde{\ell}_1$. 从 $\tilde{\theta}^L_{j,k}$ 的定义可以看出，它是 B 样条函数截断以后的线性组合. 在数值计算中，条件数，是衡量一个基优劣的重要标准. 所谓条件数，是指 Riesz 上下界的比值. 计算结果显示，按上述定理构造的小波具有很大的条件数，它表明所得基的稳定性较差. Primbs 改用 Schoenberg 样条来代替 B 样条，取得了理想的效果[71].

给定两个 $L^2([0,1])$ 中的多分辨率分析 $\{V_j\}_{j\geqslant j_0}$ 和 $\{\tilde{V}_j\}_{j\geqslant j_0}$，$V_j$ 与 $\tilde{V}_j$ 的维数是 $\#\{\Delta_j\}$，且 $\Delta_j\subset\Delta_{j+1}$. 对 $j\geqslant j_0$，定义

$$\nabla_j := \Delta_{j+1}\backslash\Delta_j.$$

与直线上的情况相同，希望找到两个维数为 $\#\nabla_j$ 的空间列 $\{W_j\}_{j\geqslant j_0}$ 和 $\{\widetilde{W}_j\}_{j\geqslant j_0}$，它们满足

$$\begin{cases} V_{j+1}=V_j\oplus W_j, & W_j\perp\tilde{V}_j; \\ \tilde{V}_{j+1}=\tilde{V}_j\oplus\widetilde{W}_j, & \widetilde{W}_j\perp V_j. \end{cases}$$

为此，构造 W_j 和 $\widetilde{W}_j$ 中的 Riesz 基 $\Psi_j:=\{\psi_{j,k}:k\in\Delta_j\}$ 和 $\tilde{\Psi}_j:=\{\tilde{\psi}_{j,k}:k\in\Delta_j\}$，使得

$$\Psi:=\{\Phi_{j_0}\cup\bigcup_{j\geqslant j_0}\Psi_j\} \quad 和 \quad \tilde{\Psi}:=\{\tilde{\Phi}_{j_0}\cup\bigcup_{j\geqslant j_0}\tilde{\Psi}_j\}$$

形成 $L^2([0,1])$ 的一对双正交的基.

记 $\nabla_{j_0-1}:=\Delta_{j_0}$，$\Psi_{j_0-1}:=\Phi_{j_0}$，$\tilde{\Psi}_{j_0-1}:=\tilde{\Phi}_{j_0}$ 且 $\psi_{j_0-1,k}:=\phi_{j_0,k}$，$\tilde{\psi}_{j_0-1,k}:=\tilde{\phi}_{j_0,k}$，则 Ψ 与 $\tilde{\Psi}$ 之间的双正交关系是

$$[\psi_{j,k},\tilde{\psi}_{j',k'}]=\delta_{j,j'}\delta_{k,k'},$$

其中，$j,j'\geqslant j_0-1$ 且 $k,k'\in\nabla_j$. 在此条件下，其 Riesz 基性质等价于存在两个正常数 C_1,C_2 使得对 $c=\{c_{j,k}\}_{j\geqslant j_0-1,k\in\nabla_j}$ 有

$$C_1\|c\|_{\ell_2(\mathbb{Z})} \leqslant \left\| \sum_{j=j_0-1}^{\infty}\sum_{k\in\nabla_j} c_{j,k}\psi_{j,k} \right\|_{L^2([0,1])} \leqslant C_2\|c\|_{\ell_2(\mathbb{Z})}$$

和

$$C_2^{-1}\|c\|_{\ell_2(\mathbb{Z})} \leqslant \sum_{j=j_0-1}^{\infty}\sum_{k\in\nabla_j} c_{j,k}\tilde{\psi}_{j,k\,L^2([0,1])} \leqslant C_1^{-1}\|c\|_{\ell_2(\mathbb{Z})}.$$

因为 $W_j\subset V_{j+1}$，所以存在一个矩阵 $M_{j,1}$ 使得 $\Psi_j^T=\Phi_{j+1}^T M_{j,1}$. 根据直和性质，$V_{j+1}$ 有两个基 Φ_{j+1} 和 $\Phi_j\cup\Psi_j$. 记行向量 $(\phi_{j,1},\phi_{j,2},\cdots,\phi_{j,\#\Delta_j},\psi_{j,1},\psi_{j,2}\cdots,\psi_{j,\#\nabla_j})$ 为 (Φ_j^T,Ψ_j^T)，则

$$(\Phi_j^T,\Psi_j^T)=\Phi_{j+1}^T(M_{j,0},M_{j,1}). \tag{6.2.1}$$

记 $M_j:=(M_{j,0},M_{j,1})$，则 M_j 就是两个基之间的过渡矩阵.

定理 6.2.3 设 $\{\Phi_j\}$ 一致稳定且 $\Phi_j^T=\Phi_{j+1}^T M_{j,0}$，则 $\{\Phi_j\cup\Psi_j\}$ $(\Psi_j^T:=\Phi_{j+1}^T M_{j,1})$ 一致稳定的充要条件是存在矩阵 $M_{j,1}\in[\ell_2(\nabla_j),\ell_2(\Delta_{j+1})]$，$\nabla_j:=\Delta_{j+1}\backslash\Delta_j$ 使得 $M_j:=(M_{j,0},M_{j,1})\in[\ell_2(\Delta_j\cup\nabla_j),\ell_2(\Delta_{j+1})]$ 可逆且满足

$$\|M_j\|,\|M_j^{-1}\|=\mathcal{O}(1),\quad j\geqslant j_0. \tag{6.2.2}$$

这里，$[X,Y]$ 是线性赋泛空间 X 到 Y 的线性有界算子. 给定 $M_{j,0}$，若 $M_{j,1}\in[\ell_2(\nabla_j),\ell_2(\Delta_{j+1})]$ 且式(6.2.2)成立，则称 $M_{j,1}$ 为 $M_{j,0}$ 的稳定补.

若 M_j 可逆，记 $M_j^{-1}=\begin{pmatrix}G_{j,0}\\G_{j,1}\end{pmatrix}$，则 $\Phi_{j+1}^T=\Phi_j^T G_{j,0}+\Psi_j^T G_{j,1}$. 结合式(6.2.1)，便得到类似于直线上小波的分解重构公式. 但是，$\Phi_j\cup\Psi_j$ 的一致稳定性并不能保证 Ψ 的 Riesz 基性质. 另外，还需要找到 $M_{j,0}$ 的稳定补，以使得 Ψ 成为空间 $L^2([0,1])$ 的 Riesz 基. 下面的定理解决了这一问题.

定理 6.2.4 设 $\{\Phi_j\}$ 和 $\{\tilde{\Phi}_j\}$ 一致稳定且 $\Phi_j^T=\Phi_{j+1}^T M_{j,0}$，$\tilde{\Phi}_j^T=\tilde{\Phi}_{j+1}^T\widetilde{M}_{j,0}$，若 $\overline{M}_{j,1}$ 是 $M_{j,0}$ 的稳定补，则

$$M_{j,1}:=(I-M_{j,0}\widetilde{M}_{j,0}^T)\overline{M}_{j,1}$$

也是 $M_{j,0}$ 的稳定补，且 $M_j^{-1}:=(M_{j,0},M_{j,1})^{-1}=\begin{pmatrix}\widetilde{M}_{j,0}^T\\\overline{G}_{j,1}\end{pmatrix}$. 进一步，$\left\{\Phi_{j_0},\bigcup_{j\geqslant j_0}\Psi_j\right\}$ 与 $\left\{\tilde{\Phi}_{j_0},\bigcup_{j\geqslant j_0}\tilde{\Psi}_j\right\}$ 是双正交的，其中 $\Psi_j^T=\Phi_{j+1}^T M_{j,1}$，$\tilde{\Psi}_j^T=\tilde{\Phi}_{j+1}^T\overline{G}_{j,1}$.

下面简单介绍 Dahmen 等人构造区间上尺度函数的方法. 首先，$V_j^{[0,1]}$ 中的尺度函数 $\Phi_j=\{\phi_{j,k}:k\in\Delta_j\}$ 由三部分构成，左边界尺度函数 $\Phi_j^L=\{\phi_{j,k}:k\in\Delta_j^L\}$，右边界尺度函数 $\Phi_j^R=\{\phi_{j,k}:k\in\Delta_j^R\}$，内部尺度函数 $\Phi_j^I=\{\phi_{j,k}:k\in\Delta_j^I\}$. 相应的对偶为 $\tilde{\Phi}_j=\{\tilde{\Phi}_j^L,\tilde{\Phi}_j^R,\tilde{\Phi}_j^I\}$. 与对偶尺度函数相应的指标集由以下方式确定.

取 $\tilde{l}\geqslant\tilde{l}_2$，则对偶尺度函数对应的指标集分别为 $\tilde{\Delta}_j^L:=\{\tilde{l}-\tilde{d},\cdots,\tilde{l}-1\}$，$\tilde{\Delta}_j^I:=\{\tilde{l},\cdots,2^j-\tilde{l}-\mu(d)\}$，$\tilde{\Delta}_j^R:=\{2^j-\tilde{l}+1-\mu(d),\cdots,2^j-\tilde{l}+\tilde{d}-\mu(d)\}$，其中 $\mu(d)=d\bmod 2$.

令 $l:=\tilde{l}-(\tilde{d}-d)$，则尺度函数对应的指标集为 $\Delta_j^L:=\{l-d,\cdots,l-1\}$，$\Delta_j^I:=\{l,\cdots,2^j-l-\mu(d)\}$，$\Delta_j^R:=\{2^j-l+1-\mu(d),\cdots,2^j-l+d-\mu(d)\}$. 为了表达方便，记 $\varphi:=\phi^d$，$\tilde{\varphi}:=\phi^{d,\tilde{d}}$. 对于 $r=0,\cdots,d-1$，定义左边界尺度

函数

$$\phi_{j,l-d+r}^{L}:=\sum_{m=-l_2+1}^{l-1}\tilde{\alpha}_{m,r}\varphi_{j,m}\big|_{[0,1]},$$

其中，$\tilde{\alpha}_{m,r}=[t^r,\tilde{\varphi}(t-m)]$，$f|_{[0,1]}$是 f 在区间[0,1]上的限制.

设 $r=0,\cdots,\tilde{d}-1$，定义对偶左边界尺度函数

$$\tilde{\phi}_{j,\tilde{l}-\tilde{d}+r}^{L}:=\sum_{m=-\tilde{l}_2+1}^{\tilde{l}-1}\alpha_{m,r}\tilde{\phi}_{j,m}\big|_{[0,1]},$$

其中，$\alpha_{m,r}=[t^r,\varphi(t-m)]$. 对于 $r=0,\cdots,d-1$，右边界尺度函数定义为

$$\phi_{2^j-l+d-\mu(d)-r}^{R}:=\sum_{m=2^j-l-\mu(d)+1}^{2^j-l_1-1}\tilde{\alpha}_{j,m,r}^{R}\varphi_{j,m}\big|_{[0,1]},\text{其中}\tilde{\alpha}_{j,m,r}^{R}:=\int_{\mathbb{R}}(2^j-x)^r\tilde{\varphi}(x-m)\mathrm{d}x.$$

取直线上支集在[0,1]内的尺度函数 $\phi_{j,k}:=\phi_{j,k}^{d}, k\in\Delta_j^I$ 作为内部尺度函数. 可类似定义对偶内部尺度函数及右边界尺度函数.

小波分析已经成功地应用于微分方程数值解[72,73]. 具有边界条件的算子方程可以转化为具有齐次边界条件的方程. 事实上，正如文献[74]中指出的一样，考虑非齐次边界条件问题

$$\begin{cases}Au=f, & \text{在 }\Omega\text{ 上；}\\ u=g, & \text{在 }\partial\Omega\text{ 上.}\end{cases}$$

设 $u_0\in H$ 是具有边界条件 $u_0|_{\partial\Omega}=g$ 的函数，u^* 是齐次边界条件问题

$$\begin{cases}Au=f-Au_0, & \text{在 }\Omega\text{ 上；}\\ u=0, & \text{在 }\partial\Omega\text{ 上}\end{cases}$$

的解，则 $u:=u^*+u_0$ 是非齐次问题的解. 当用小波 Galerkin 方法求解齐次边界问题时，就需要相应的区间上具有齐次边界条件的尺度函数和小波. 所谓函数 $\phi(x)$具有 d 阶齐次边界条件，是指它满足 $\phi^{(k)}(\partial\Omega)=0, k=0,\cdots,d-1$. 另外，小波的高阶消失矩导出算子的拟稀疏表示，这对快速的数值处理是很重要的.

6.3　区间上的紧框架小波

区间 I 上的多分辨率分析是 $L^2(I)$上嵌套的单边无限的闭子空间列，即 $L^2(I)$中的闭子空间列$\{V_j\}_{j\in\mathbb{N}}$满足

$$V_1\subset V_2\subset\cdots\subset V_j\subset\cdots\rightarrow L_2(I)$$

和

$$\overline{\bigcup_{j\geqslant 1} V_j}=L_2(I),$$

其中,V_j 是 $\Phi_j=[\phi_{j,1},\cdots,\phi_{j,m_j}]^T$ 的线性闭包.约定 Φ_j 是一个列向量并记 $\mathbb{M}_j=\{1,\cdots,m_j\}$.因为 V_j 是 V_{j+1} 的子空间,所以 $\Phi_j\in V_j$ 可以由 Φ_{j+1} 线性表出,即存在 $m_j\times m_{j+1}$ 阶的矩阵 P_j 使得

$$\Phi_j=P_j\Phi_{j+1}.$$

矩阵 P_j 称为细分矩阵.为了满足应用上的需要,框架尺度函数需要某种局部性.当 $j\to\infty$ 时,如果序列 $h(\Phi_j):=\max\limits_{k\in m_j}|\mathrm{supp}\phi_{j,k}|$ 收敛到零,则称函数列 $\{\Phi_j\}_{j\geqslant 1}$ 是局部支撑的,其中 $|x|$ 表示 x 的测度.设 Q_j 是 $n_j\times m_{j+1}$ 阶的矩阵,其中 $n_j\in\mathbb{N}$.定义

$$\Psi_j:=Q_j\Phi_{j+1}.$$

设 $\Phi_j\subset L^2(I)$ 为有限集合,其基数为 m_j,对称半正定(spsd)矩阵 $S_j=[s_{k,\ell}^{(j)}]_{k,\ell\in m_j}$ 对应的二次型 T_j 定义为

$$T_jf:=[[f,\phi_{j,k}]]_{k\in m_j}^T S_j[[f,\phi_{j,k}]]_{k\in m_j},\quad f\in L^2(I),\tag{6.3.1}$$

对应的核 K_{S_j} 定义为

$$K_{S_j}(x,y):=\sum_{k,\ell\in m_j}s_{k,\ell}^{(j)}\phi_{j,k}(x)\phi_{j,\ell}(y).\tag{6.3.2}$$

定义 6.3.1 设 $\{\Phi_j\}_{j\geqslant 1}$ 是局部支撑的集合并且 S_1 是一个 spsd 矩阵.若 T_1 是按式(6.3.1)定义的二次型,则称集合 $\{\Psi_j\}_{j\geqslant 1}=\{Q_j\Phi_{j+1}\}_{j\geqslant 1}$ 构成 $L^2(I)$ 上对应于 S_1 的 MRA 紧框架小波,如下式

$$T_1f+\sum_{j\geqslant 1}\sum_{k\in\mathbb{N}_j}|[f,\psi_{j,k}]|^2=\|f\|^2\tag{6.3.3}$$

对所有的 $f\in L^2(I)$ 均成立.

框架小波 $\Psi_{j,k}$ 的消失矩与底层矩阵 S_1 有关.由下面的引理可知 $\Psi_{j,k}$ 何时构成紧框架小波.

引理 6.3.1[75] 设 $\{\Phi_j\}_{j\geqslant 1}$ 是局部支撑的集合,相应的 S_1 是 spsd 矩阵,且 $\|T_1f\|\leqslant\|f\|^2$,$f\in L^2(I)$,则 $\{\Psi_j\}_{j\geqslant 1}:=\{Q_j\Phi_{j+1}\}$ 是关于 S_1 为 MRA 紧框架小波当且仅当存在 $m_j\times m_j(j\geqslant 1)$ 阶的 spsd 矩阵 S_j,使得下列条件成立:

(1) 式(6.3.1)中的二次型 T_j 满足

$$\lim_{j\to\infty}T_jf=\|f\|^2,\quad f\in L^2(I);\tag{6.3.4}$$

(2) 对任意 $j\geqslant 1$,Q_j,S_j 和 S_{j+1} 满足如下等式

$$S_{j+1}-P_j^TS_jP_j=Q_j^TQ_j.\tag{6.3.5}$$

6.4　具有微分关系小波的构造

本节研究具有微分关系的一对一元小波. 先给出两个负面结论: 微分关系与尺度函数的正交性或插值性质不可兼容. 所谓具有微分关系的尺度函数 ϕ_1,ϕ_0 与小波 ψ_1,ψ_0, 是指它们满足如下关系:

$$\phi_1'(x)=\sum_k c_k\phi_0(x-k),\quad \psi_1'(x)=\sum_k d_k\psi_0(x-k).$$

一种自然的想法是选择 $\phi_1'(x)=c\phi_0(x)$ 与 $\psi_1'(x)=d\psi_0(x)$, 但这是不可能的. 事实上, 令 $\phi_1(x)=\sum_k h_k\phi_1(2x-k)$, 则 $\phi_1'(x)=\sum_k 2h_k\phi_1'(2x-k)$. 它与 $\phi_1'(x)=c\phi_0(x)$ 一起推出了 $\phi_0(x)=\sum_k 2h_k\phi_0(2x-k)$. 因为 h_k 和 $2h_k$ 是尺度函数的系数, 这与标准化要求矛盾. 基于这种观察, 最简单的选取方法是

$$\phi_1'(x)=\phi_0(x)-\phi_0(x-1),\quad \psi_1'(x)=d\psi_0(x).$$

B 样条及其对应的双正交小波就具有这一性质.

在数值计算时, 希望尺度函数具有插值性. 一个连续尺度函数具有插值性是指 $\phi(n)=\delta_{n,0}$. 一种等价的定义是 $h_{2n}=\delta_{n,0}$, 其中 $\{h_n\}$ 是细分方程的系数. 但是下面的结论说明, 要求紧支集尺度函数具有微分关系是不可行的.

定理 6.4.1　设 ϕ_0 与 ϕ_1 是两个紧支撑的尺度函数, 若 ϕ_0 是连续的且

$$\phi_1'(x)=c_0\phi_0(x-L)+c_1\phi_0(x-M),$$

其中, $L,M\in\mathbb{Z}$, $c_0,c_1\neq 0$, 则 ϕ_0 与 ϕ_1 不能同时具有插值性质.

证明: 因为 ϕ_1 具有紧支集, 所以 $\int\phi_1'(x)\mathrm{d}x=0$. 利用 $\int\phi_0(x)\mathrm{d}x=1$ 和已知条件 $\phi_1'(x)=c_0\phi_0(x-L)+c_1\phi_0(x-M)$, 得到 $c_0+c_1=0$, 从而

$$\phi_1'(x)=c_0[\phi_0(x-L)-\phi_0(x-M)].\tag{6.4.1}$$

两边做 Fourier 变换, 式(6.4.1)变为

$$i\omega\hat{\phi}_1(\omega)=c_0(\mathrm{e}^{-iL\omega}-\mathrm{e}^{-iM\omega})\hat{\phi}_0(\omega).\tag{6.4.2}$$

由于 ϕ_0 和 ϕ_1 是尺度函数, 故 $\hat{\phi}_1(\omega)=\hat{\phi}_1\left(\frac{\omega}{2}\right)m_1\left(\frac{\omega}{2}\right)$ 且 $\hat{\phi}_0(\omega)=\hat{\phi}_0\left(\frac{\omega}{2}\right)m_0\left(\frac{\omega}{2}\right)$.

结合式(6.4.2)可推出 $i\omega\hat{\phi}_1\left(\frac{\omega}{2}\right)m_1\left(\frac{\omega}{2}\right)=c_0(\mathrm{e}^{-iL\omega}-\mathrm{e}^{-iM\omega})\hat{\phi}_0\left(\frac{\omega}{2}\right)m_0\left(\frac{\omega}{2}\right)$.

再次应用式(6.4.2), 得到

$$2(\mathrm{e}^{-iL\omega/2}-\mathrm{e}^{-iM\omega/2})\hat{\phi}_0\left(\frac{\omega}{2}\right)m_1\left(\frac{\omega}{2}\right)=(\mathrm{e}^{-iL\omega}-\mathrm{e}^{-iM\omega})\hat{\phi}_0\left(\frac{\omega}{2}\right)m_0\left(\frac{\omega}{2}\right).$$

注意到，ϕ_0 具有紧支集，所以 $\hat{\phi}_0(\omega)$ 几乎处处不等于零. 那么有 $2(e^{-iL\omega}-e^{-iM\omega})m_1(\omega)=(e^{-i2L\omega}-e^{-i2M\omega})m_0(\omega)$. 正如前面指出，等式(6.4.1)说明 $L\neq M$. 因此，

$$2m_1(\omega)=(e^{-iL\omega}+e^{-iM\omega})m_0(\omega).$$

若 ϕ_0 与 ϕ_1 都具有插值性，则 $m_1(\omega)=\frac{1}{2}\left(1+\sum_{k=L_1}^{N_1}b_k e^{-i(2k-1)\omega}\right)$，$m_0(\omega)=\frac{1}{2}\left(1+\sum_{k=L_0}^{N_0}a_k e^{-i(2k-1)\omega}\right)$. 代入上式使得

$$2\left(1+\sum_{k=L_1}^{N_1}b_k e^{-i(2k-1)\omega}\right)=(e^{-iL\omega}+e^{-iM\omega})\left(1+\sum_{k=L_0}^{N_0}a_k e^{-i(2k-1)\omega}\right). \tag{6.4.3}$$

现在断言 L 与 M 必有一个是奇数. 事实上，如果 L 与 M 都是偶数，则 $e^{-iL\omega}$ 与 $e^{-iM\omega}$ 是等式(6.4.3)右边所有幂次为偶数的项. 因此有 $e^{-iL\omega}+e^{-iM\omega}=2$，这等价于

$$\cos(L\omega)+\cos(M\omega)=2,\quad \sin(L\omega)+\sin(M\omega)=0.$$

进一步，$\cos\frac{L+M}{2}\cos\frac{L-M}{2}=1$ 且 $\sin\frac{L+M}{2}\cos\frac{L-M}{2}=0$. 最后得到，$L=M=0$. 从而式(6.4.1)变为 $\phi_1'(x)=0$，这一矛盾证实了前面的断言.

注意到常数 2 是等式(6.4.3)左边唯一幂次为偶数的项，所以 $N_0=L_0$. 又因为 $m_0(0)=1$，所以 $a_{N_0}=1$. 因此

$$m_0(\omega)=\frac{1}{2}(1+e^{-i(2N_0-1)\omega})=m_H((2N_0-1)\omega),$$

其中，$m_H(\omega)=\frac{1+e^{-i\omega}}{2}$是 Haar 尺度函数 ϕ_H 的符号. 故有

$$\begin{aligned}\hat{\phi}_0(\omega)&=\prod_{j=1}^{\infty}m_0(2^{-j}\omega)n\\&=\prod_{j=1}^{\infty}m_H(2^{-j}(2N_0-1)\omega)n\\&=\hat{\phi}_H((2N_0-1)\omega).\end{aligned}$$

上式两边取逆 Fourier 变换得 $\phi_0(t)=\frac{1}{2N_0-1}\phi_H\left(\frac{t}{2N_0-1}\right)$. 这与尺度函数 ϕ_0 的连续性矛盾. 证毕.

由定理 6.4.1 的证明可知：Hat 函数和 Haar 函数是唯一一对满足插值性且具有微分关系的紧支撑尺度函数. 由定理 6.4.1 可得一个负面的结果. 另外一个负面的结果是：ϕ_1 与 ϕ_0 不能同时是标准正交的.

定理 6.4.2　设 ϕ_0, ϕ_1 是两个尺度函数，若 $\phi_0(x)\in C(\mathbb{R})$ 且 $\phi_1'(x)=\phi_0(x)-\phi_0(x-1)$，则 ϕ_1 与 ϕ_0 不能同时是标准正交的.

证明：由 $\phi_1'(x)=\phi_0(x)-\phi_0(x-1)$ 可得 $i\omega\hat{\phi}_1(\omega)=\hat{\phi}_0(\omega)(1-\mathrm{e}^{-i\omega})$. 进一步，$\hat{\phi}_1(\omega)=\hat{\phi}_0(\omega)\dfrac{1-\mathrm{e}^{-i\omega}}{i\omega}=\hat{\phi}_0(\omega)\hat{\phi}_H(\omega)$. 从而 $\sum\limits_k|\hat{\phi}_1(\omega+2\pi k)|^2=\sum\limits_k|\hat{\phi}_0(\omega+2\pi k)\hat{\phi}_H(\omega+2\pi k)|^2$. 因为 ϕ_H 是标准正交的尺度函数，所以 $\sum\limits_k|\hat{\phi}_H(\omega+2\pi k)|^2=1$.

假设 ϕ_1 和 ϕ_0 都标准正交，则 $\sum\limits_k|\hat{\phi}_0(\omega+2\pi k)|^2=\sum\limits_k|\hat{\phi}_1(\omega+2\pi k)|^2=1$ 几乎处处成立. 两个等式相乘，有

$$\left(\sum_k|\hat{\phi}_0(\omega+2\pi k)|^2\right)\left(\sum_k|\hat{\phi}_H(\omega+2\pi k)|^2\right)=1.$$

另外，还有

$$1=\sum_k|\hat{\phi}_1(\omega+2\pi k)|^2=\sum_k|\hat{\phi}_0(\omega+2\pi k)\hat{\phi}_H(\omega+2\pi k)|^2.$$

上面两个等式推出对所有 $k\neq 0$，$\hat{\phi}_0(\omega)\hat{\phi}_H(\omega+2\pi k)=0$ 成立. 注意到当 $\omega\in\mathbb{R}\backslash 2\pi\mathbb{Z}$ 时，$\hat{\phi}_H(\omega)=\dfrac{1-\mathrm{e}^{-i\omega}}{i\omega}\neq 0$. 因此 $\hat{\phi}_0(\omega)=0$ 几乎处处成立，这与 ϕ_0 是一个尺度函数矛盾. 定理证毕.

基于定理 6.4.1，为了保持微分关系 $\phi_1'(x)=\phi_0(x)-\phi_0(x-1)$，必须考虑双正交小波. 要求 ϕ_0 和 ϕ_1 都具有对称性. 下面的结论表明这一点容易做到.

命题 6.4.1　设 ϕ_0 是一个实值函数且 $\phi_1(x)=\int_{x-1}^{x}\phi_0(t)\mathrm{d}t$，则 ϕ_1 关于 $a+\dfrac{1}{2}$ 对称当且仅当 ϕ_0 关于 a 对称.

证明：首先，实函数 $\phi\in L_1(\mathbb{R})$ 是偶函数当且仅当 $\hat{\phi}$ 是实值的. 事实上，必要性可由下面的等式得到

$$\hat{\phi}(\omega)=\int\phi(t)\mathrm{e}^{-it\omega}\mathrm{d}t=\int\phi(t)\cos t\omega\,\mathrm{d}t+i\int\phi(t)\sin t\omega\,\mathrm{d}t=\int\phi(t)\cos t\omega\,\mathrm{d}t;$$

另外，因为 ϕ 与 $\hat{\phi}$ 都是实函数，所以 $\phi(-t)=\dfrac{1}{2\pi}\int\hat{\phi}(\omega)\mathrm{e}^{-it\omega}\mathrm{d}\omega=\overline{\dfrac{1}{2\pi}\int\hat{\phi}(\omega)\mathrm{e}^{it\omega}\mathrm{d}\omega}=\overline{\phi(t)}=\phi(t)$. 这说明 ϕ 是偶函数.

若函数 ϕ 关于 a 对称，则函数 $\phi(a+\cdot)$ 是偶函数. 由前面的讨论可知，它等价于 $\hat{\phi}(\omega)\mathrm{e}^{ia\omega}$ 是实函数. 由于 ϕ_H 关于 $\dfrac{1}{2}$ 对称，故 $\hat{\phi}_H(\omega)\mathrm{e}^{i\frac{1}{2}\omega}$ 是实函数.

因为 $\phi_1=\phi_0*\phi_H$，所以 $\hat{\phi}_1(\omega)=\hat{\phi}_0(\omega)\hat{\phi}_H(\omega)$ 且

$$\hat{\phi}_1(\omega)\mathrm{e}^{i\left(a+\frac{1}{2}\right)\omega}=[\hat{\phi}_0(\omega)\mathrm{e}^{ia\omega}][\hat{\phi}_H(\omega)\mathrm{e}^{i\frac{\omega}{2}}].$$

从而得到命题的结论.

下面从一个尺度函数 ϕ_0 出发，构造另一个尺度函数 ϕ_1，使得 $\phi_1'(x)=\phi_0(x)-\phi_0(x-1)$，同时用 4 个例子加以说明.

定理 6.4.3 假设 $\phi_0(x)\in C(\mathbb{R})$是满足$|\phi_0(x)|=O\left(\frac{1}{x}\right)$的尺度函数，且在区间$[-\pi,\pi]$上有$|\hat{\phi}_0(\omega)|\geqslant c_0>0$，则

$$\phi_1(x)=:\int_{x-1}^{x}\phi_0(t)\mathrm{d}t \tag{6.4.4}$$

是连续的尺度函数且 $\phi_1'(x)=\phi_0(x)-\phi_0(x-1)$.

证明：只需证明 $\phi_1(x)$ 是尺度函数. 首先证明细分性：因为 ϕ_0 是尺度函数，所以 $\phi_0(x)=\sum\limits_k h_k\phi_0(2x-k)$. 注意到 $\phi_1(x)=:\int_{x-1}^{x}\phi_0(t)\mathrm{d}t=\int_0^1\phi_0(x-t)\mathrm{d}t$. 那么 $\phi_1(x)=\int_0^1\sum\limits_k h_k\phi_0(2x-2t-k)\mathrm{d}t$. 利用 ϕ_0 的衰减性和$\{h_k\}\in\ell_2$，对固定的 x，$\sum\limits_k h_k\phi_0(2x-2t-k)$ 在区间$[0,1]$上一致收敛. 故

$$\begin{aligned}\phi_1(x)&=\frac{1}{2}\sum_k h_k\int_0^2\phi_0(2x-k-t)\mathrm{d}t\\&=\frac{1}{2}\sum_k h_k\left[\int_0^1\phi_0(2x-k-t)\mathrm{d}t+\int_1^2\phi_0(2x-k-t)\mathrm{d}t\right]\\&=\frac{1}{2}\sum_k h_k[\phi_1(2x-k)+\phi_1(2x-k-1)]\\&=\sum_k\frac{h_k+h_{k-1}}{2}\phi_1(2x-k).\end{aligned}$$

令 $h_k^1=\dfrac{h_k+h_{k-1}}{2}$，则 $h_k^1\in\ell_2(\mathbb{Z})$ 且 $\phi_1(x)=\sum\limits_k h_k^1\phi_1(2x-k)$.

其次证明稳定性：设 $\phi_H(x)=\chi_{[0,\infty)}(x)$ 是区间$[0,1)$上的特征函数，则 $\phi_1(x)=:\int_{x-1}^{x}\phi_0(t)\mathrm{d}t=\phi_H\phi_0(x)$ 且 $\hat{\phi}_1(\omega)=\hat{\phi}_0(\omega)\hat{\phi}_H(\omega)$. 由 $\phi_H\in L^2(\mathbb{R})$ 可知 $\hat{\phi}_H$ 有界，从而

$$\begin{aligned}\sum_{k\in\mathbb{Z}}|\hat{\phi}_1(\omega+2\pi k)|^2&=\sum_{k\in\mathbb{Z}}|\hat{\phi}_H(\omega+2\pi k)|^2|\hat{\phi}_0(\omega+2\pi k)|^2\\&\leqslant C\sum_{k\in\mathbb{Z}}|\hat{\phi}_0(x+2\pi k)|^2\leqslant B.\end{aligned}$$

因为$\dfrac{\sin t}{t}$是连续的且在区间$\left[-\dfrac{\pi}{2},\dfrac{\pi}{2}\right]$上没有零点，所以$\left|\dfrac{\sin t}{t}\right|\geqslant C>0$. 故

当 $\omega\in[-\pi,\pi]$时，$|\hat{\phi}_H(\omega)|=\left|\dfrac{\sin\frac{\omega}{2}}{\frac{\omega}{2}}\right|\geqslant C$. 进一步有

$$\sum_{k\in\mathbb{Z}}|\hat{\phi}_1(\omega+2\pi k)|^2\geqslant|\hat{\phi}_1(\omega)|^2=|\hat{\phi}_H(\omega)\cdot\hat{\phi}_0(\omega)|\geqslant A.$$

利用 2π 周期性，得到和式在$\mathbb{R}$上的下界.

最后证明稠密性：因为 ϕ_0 是尺度函数，所以 $\bigcup_{j\in\mathbb{Z}}\operatorname{supp}(\hat{\phi}_0(2^j\cdot))=\mathbb{R}$. 注意到 $\hat{\phi}_1(2^j\cdot)=\hat{\phi}_0(2^j\cdot)\hat{\phi}_H(2^j\cdot)$ 且 $\hat{\phi}_H(\omega)\neq 0,\omega\in\mathbb{R}\backslash 2\pi\mathbb{Z}$. 那么，除掉一个零测集外，$\operatorname{supp}(\hat{\phi}_1(2^j\cdot))=\operatorname{supp}(\hat{\phi}_0(2^j\cdot))$. 进而

$$\bigcup_{j\in\mathbb{Z}}\operatorname{supp}(\hat{\phi}_1(2^j\cdot))=\bigcup_{j\in\mathbb{Z}}\operatorname{supp}(\hat{\phi}_0(2^j\cdot))=\mathbb{R}$$

几乎处处成立. 利用定理 6.1.1，稠密性得证.

下面给出几个例子.

例 6.4.1　设 $\phi_0(x)=:N_m(x)$是 m 阶 B 样条函数，则

$$\hat{\phi}_0(\omega)=\mathrm{e}^{-im\frac{\omega}{2}}\left(\frac{\sin\frac{\omega}{2}}{\frac{\omega}{2}}\right)^m.$$

当 $m\geqslant 2$ 时，函数 ϕ_0 满足定理 6.4.3 的条件，进一步，相应的函数 $\phi_1(x)=N_{m+1}(x)$，满足 $\phi_1'(x)=\phi_0(x)-\phi_0(x-1)$. 这是 B 样条函数的一条主要性质.

例 6.4.2　取 ϕ_0 为 Shannon 尺度函数，即 $\phi_0(t)=:\dfrac{\sin\pi t}{\pi t}$，则 $\hat{\phi}_0(\omega)=\chi_{[-\pi,\pi]}(\omega)$. 由定理 6.4.3 知 $\phi_1(x)=:\int_{x-1}^{x}\dfrac{\sin\pi t}{\pi t}\mathrm{d}t$ 是一个满足微分关系的尺度函数.

例 6.4.3　设 $\phi_0:=D_{2N}$ 是 Daubechies 尺度函数，其符号为 $m_{2N}(\omega)=\left(\dfrac{1+\mathrm{e}^{-i\omega}}{2}\right)^N S(\omega)$，其中 $|S(\omega)|^2=\sum_{k=0}^{N-1}C_{N-1+k}^{k}\left(\sin^2\frac{\omega}{2}\right)^k$. 容易看出，

$$\begin{aligned}|\hat{D}_{2N}(\omega)|^2&=\prod_{j=1}^{\infty}|\cos^2(2^{-j-1}\omega)|^N|S(2^{-j}\omega)|^2\\&\geqslant\prod_{j=1}^{\infty}|\cos^2(2^{-j-1}\omega)|^N=\left(\frac{\sin\frac{\omega}{2}}{\frac{\omega}{2}}\right)^{2N},\end{aligned}$$

且在区间 $[-\pi,\pi]$ 上，$|\hat{D}_{2N}(\omega)|\geqslant C$. 根据定理 6.4.3，$\phi_1(x)=:\int_{x-1}^{x}D_{2N}(t)\mathrm{d}t$ 是尺度函数且满足微分关系 $\phi_1'(x)=D_{2N}(x)-D_{2N}(x-1)$.

例 6.4.4 设 D_{2N} 是 Daubechies 尺度函数，则 $\phi_0(x)=\int_{\mathbb{R}}D_{2N}(t)D_{2N}(t-x)\mathrm{d}t$ 是插值尺度函数[76]. 注意到 $\hat{\phi}_0(\omega)=\hat{D}_{2N}(\omega)\hat{D}_{2N}(-\omega)$ 及 $m(-\omega)=\overline{m(\omega)}$，那么 $m_0(\omega)=|m_{2N}(\omega)|^2$. 利用定理 6.4.3，$\phi_1(x):=\int_{x-1}^{x}\phi_0(t)\mathrm{d}t$ 满足微分关系 $\phi_1'(x)=\phi_0(x)-\phi_0(x-1)$. 根据命题 6.4.1，$\phi_0$ 的对称性蕴含 ϕ_1 也是对称的. 这是双正交小波的重要性质. 显然 ϕ_0 具有插值性，而 ϕ_1 没有. 这是自然的，因为定理 6.4.1 指出两个尺度函数不能同时具有插值性质.

定理 6.4.3 利用 $\phi_1(x)=:\int_{x-1}^{x}\phi_0(t)\mathrm{d}t$ 给出了一对具有微分关系的尺度函数. 另外，这基本上是唯一的方法：事实上，等式 $\phi_1'(x)=\phi_0(x)-\phi_0(x-1)$ 等价于 $i\omega\hat{\phi}_1(\omega)=\hat{\phi}_0(\omega)(1-\mathrm{e}^{-i\omega})$. 进一步，$\hat{\phi}_1(\omega)=\hat{\phi}_0(\omega)\hat{\phi}_H(\omega)$. 两边求逆 Fourier 变换使得 $\phi_1(x)=\phi_0\phi_H(x)=\int_{x-1}^{x}\phi_0(t)\mathrm{d}t$.

设 ϕ_0,ψ_0 是尺度函数与小波且 $\tilde{\phi}_0,\tilde{\psi}_0$ 是它们的对偶，相应的符号分别是 $m_0,n_0,\widetilde{m}_0$ 和 $\tilde{n}_0$，其中

$$n_0(\omega)=\mathrm{e}^{-i\omega}\overline{\widetilde{m}_0(\omega+\pi)},\quad \tilde{n}_0(\omega)=\mathrm{e}^{-i\omega}\overline{m_0(\omega+\pi)}.$$

下面将寻找尺度函数 ϕ_1，小波 ψ_1 及其对偶 $\tilde{\phi}_1,\tilde{\psi}_1$，它们满足微分关系

$$\phi_1'(x)=\phi_0(x)-\phi_0(x-1),\tag{6.4.5}$$

$$\psi_1'(x)=4\psi_0(x),\tag{6.4.6}$$

$$\tilde{\phi}_0'(x)=\tilde{\phi}_1(x+1)-\tilde{\phi}_1(x),\tag{6.4.7}$$

$$\tilde{\psi}_0'(x)=-4\tilde{\psi}_1(x).\tag{6.4.8}$$

首先定义

$$m_1(\omega):=\frac{1+\mathrm{e}^{-i\omega}}{2}m_0(\omega),\quad \widetilde{m}_1(\omega):=\frac{2}{1+\mathrm{e}^{i\omega}}\widetilde{m}_0(\omega),\tag{6.4.9}$$

那么 $m_1(\omega)=m_H(\omega)m_0(\omega)$ 且 $\prod_{j=1}^{\infty}(2^{-j}\omega)=\hat{\phi}_H(\omega)\hat{\phi}_0(\omega)$. 因为 $\phi_H\in L_1(\mathbb{R})$ 可推出 $\hat{\phi}_H$ 的有界性，所以 $\hat{\phi}_H\hat{\phi}_0\in L_2(\mathbb{R})$ 且存在 $\phi_1\in L_2(\mathbb{R})$ 使得 $\hat{\phi}_1(\omega)=\hat{\phi}_H(\omega)\hat{\phi}_0(\omega)$.

另外，为使式(6.4.5)～式(6.4.8)成立，要求 $\phi_0,\psi_0\in C(\mathbb{R})$ 且 $\tilde{\phi}_0,\tilde{\psi}_0\in C^1(\mathbb{R})$ 是合理的. 注意到 $\tilde{\phi}_0$ 的光滑性可推出 $\hat{\tilde{\phi}}_0(\omega)$ 含有因子 $\hat{\phi}_H$，这与 $|\hat{\phi}_H(-\omega)|=|\hat{\phi}_H(\omega)|$ 一起推出

$$\hat{\tilde{\phi}}_1(\omega)=:\frac{\hat{\tilde{\phi}}_0(\omega)}{\hat{\phi}_H(-\omega)}\in L^2(\mathbb{R}).$$

按照通常的做法，通过给出 ψ_1 和 $\tilde{\psi}_1$ 的符号 $n_1(\omega)=:\mathrm{e}^{-i\omega}\overline{\widetilde{m}_1(\omega+\pi)}$ 和 $\tilde{n}_1(\omega)=:\mathrm{e}^{-i\omega}\overline{m_1(\omega+\pi)}$ 来定义它们. 由式(6.4.9)可知

$$n_1(\omega)=\frac{2}{1-e^{-i\omega}}n_0(\omega),\quad \tilde{n}_1(\omega)=\frac{1-e^{i\omega}}{2}\tilde{n}_0(\omega).\qquad (6.4.10)$$

为了证明 ϕ_1,ψ_1 和 $\tilde{\phi}_1,\tilde{\psi}_1$ 之间的对偶关系,需验证以下 4 个等式成立.

(1) $m_1(\omega)\overline{\tilde{m}_1(\omega)}+m_1(\omega+\pi)\overline{\tilde{m}_1(\omega+\pi)}=1$.

(2) $\tilde{m}_1(\omega)\overline{n_1(\omega)}+\tilde{m}_1(\omega+\pi)\overline{n_1(\omega+\pi)}=0$.

(3) $m_1(\omega)\overline{\tilde{n}_1(\omega)}+m_1(\omega+\pi)\overline{\tilde{n}_1(\omega+\pi)}=0$.

(4) $n_1(\omega)\overline{\tilde{n}_1(\omega)}+n_1(\omega+\pi)\overline{\tilde{n}_1(\omega+\pi)}=1$.

事实上,由式(6.4.9)、式(6.4.10)及 ϕ_0,ψ_0 和 $\tilde{\phi}_0,\tilde{\psi}_0$ 之间的对偶关系容易证明上述关系. 接下来验证微分关系式(6.4.5)~式(6.4.8)成立:由于 $\hat{\phi}_1=\hat{\phi}_H\hat{\phi}_0$ 且 $\phi_H\in L^1(\mathbb{R})$,所以 $\phi_1=\phi_H\phi_0$ 且式(6.4.5)成立;由 $\tilde{m}_1(\omega)=\frac{2}{1+e^{i\omega}}\tilde{m}_0(\omega)$可推出 $\tilde{m}_0(\omega)=\left(\frac{1+e^{-i\omega}}{2}\right)e^{i\omega}\tilde{m}_1(\omega)$,故$\hat{\tilde{\phi}}_0(\omega)=\hat{\phi}_H(\omega)e^{i\omega}\hat{\tilde{\phi}}_1(\omega)=\frac{1-e^{-i\omega}}{i\omega}e^{i\omega}\hat{\tilde{\phi}}_1(\omega)$且 $i\omega\hat{\tilde{\phi}}_0(\omega)=(e^{i\omega}-1)\hat{\tilde{\phi}}_1(\omega)$. 等式两边取逆 Fourier 变换可得式(6.4.7);为证式(6.4.6),由式(6.4.10)的第一个等式可知 $i\omega n_1(\omega)=\frac{i2\omega}{1-e^{-i\omega}}n_0(\omega)=\frac{2}{\hat{\phi}_H(\omega)}n_0(\omega)$. 进一步有 $2i\omega\hat{\phi}_H(\omega)n_1(\omega)\hat{\phi}_0(\omega)=4n_0(\omega)\hat{\phi}_0(\omega)$. 注意到 $\hat{\phi}_1(\omega)=\hat{\phi}_H(\omega)\hat{\phi}_0(\omega)$,$\hat{\psi}_1(2\omega)=n_1(\omega)\hat{\phi}_1(\omega)$以及 $\hat{\psi}_0(2\omega)=n_0(\omega)\hat{\phi}_0(\omega)$. 那么,$2i\omega\hat{\psi}_1(2\omega)=4\hat{\psi}_0(2\omega)$. 从而 $i\omega\hat{\psi}_1(\omega)=4\hat{\psi}_0(\omega)$,故式(6.4.6)成立.

类似地,式(6.4.10)的第二个等式意味着 $i\omega\tilde{n}_0(\omega)=\frac{2i\omega}{1-e^{i\omega}}\tilde{n}_1(\omega)$,即 $2i\omega\tilde{n}_0(\omega)\hat{\tilde{\phi}}_0(\omega)=-4\tilde{n}_1(\omega)\frac{\hat{\tilde{\phi}}_0(\omega)}{\hat{\phi}_H(-\omega)}=-4\tilde{n}_1(\omega)\hat{\tilde{\phi}}_1(\omega)$. 它等价于 $2i\omega\hat{\tilde{\psi}}_0(2\omega)=-4\hat{\tilde{\psi}}_1(2\omega)$. 进一步,$i\omega\hat{\tilde{\psi}}_0(\omega)=-4\hat{\tilde{\psi}}_1(\omega)$,从而式(6.4.8)成立.

下面给出几个例子.

例 6.4.5　取 $m_0(\omega)=\left(\frac{1+e^{-i\omega}}{2}\right)^N$,$\tilde{m}_0(\omega)=e^{-i\frac{m\omega}{2}}\left(\cos\frac{\omega}{2}\right)^{\tilde{N}}\sum_{k=0}^{p-1}C_{N-1+k}^{k}\left(\sin^2\frac{\omega}{2}\right)^k$,其中 $N+\tilde{N}=2p$. 根据式(6.4.9)及式(6.4.10),式(6.4.5)~式(6.4.8)正是经典的 B 样条双正交小波满足的微分关系.

例 6.4.6　设 $m_0=\tilde{m}_0$ 为 Daubechies 正交尺度函数的符号,即 $m_0(\omega)=\tilde{m}_0(\omega)=\left(\frac{1+e^{-i\omega}}{2}\right)^N S(\omega)$,其中

$$|S(\omega)|^2=\sum_{k=0}^{N-1}C_{N-1+k}^{k}\left(\sin^2\frac{\omega}{2}\right)^k.\qquad (6.4.11)$$

由式(6.4.9)及式(6.4.10),有

$$m_1(\omega)=\left(\frac{1+\mathrm{e}^{-i\omega}}{2}\right)^{N+1}S(\omega),$$

$$\widetilde{m}_1(\omega)=\frac{2}{1+\mathrm{e}^{i\omega}}\widetilde{m}_0(\omega)=\mathrm{e}^{-i\omega}\left(\frac{1+\mathrm{e}^{-i\omega}}{2}\right)^{N-1}S(\omega),$$

$$n_1(\omega)=\frac{2}{1-\mathrm{e}^{-i\omega}}n_0(\omega)=\frac{2\mathrm{e}^{-i\omega}}{1-\mathrm{e}^{-i\omega}}\overline{m_0(\omega+\pi)}=-\left(\frac{1-\mathrm{e}^{i\omega}}{2}\right)^{N-1}\overline{S(\omega+\pi)},$$

$$\tilde{n}_1(\omega)=\frac{1-\mathrm{e}^{i\omega}}{2}\tilde{n}_0(\omega)=\mathrm{e}^{-i\omega}\frac{1-\mathrm{e}^{i\omega}}{2}\overline{m_0(\omega+\pi)}=\mathrm{e}^{-i\omega}\left(\frac{1-\mathrm{e}^{i\omega}}{2}\right)^{N+1}\overline{S(\omega+\pi)}.$$

显然，$m_1,n_1,\widetilde{m}_1,\tilde{n}_1$ 都具有有限支撑.

6.5 插值小波的构造

本节讨论一类插值小波及微分关系式(6.4.5)～式(6.4.8)，尤其是它们与 Micchelli 工作之间的关系.

例 6.5.1 在例 6.4.6 中，尺度函数 $\phi_0(x)=\int_{\mathbb{R}}D_{2N}(t)D_{2N}(t-x)\mathrm{d}t$ 具有插值性质，它所对应的符号是

$$m_0(\omega)=|m_{2N}(\omega)|^2=\cos^{2N}\frac{\omega}{2}\sum_{k=0}^{N-1}C_{N-1+k}^{k}\left(\sin^2\frac{\omega}{2}\right)^k.\tag{6.4.12}$$

通过定理 6.1.2 找出 m_0 的有限支集对偶 $\widetilde{m}_0$. 当 $N=2$ 时，$m_0(\omega)=\cos^4\dfrac{\omega}{2}(2-\cos\omega)$，$S(x)=2-x$. 令 $\widetilde{m}_0(\omega)=\cos^2\dfrac{\omega}{2}\widetilde{S}(\cos\omega)$ 且 $T(x)=4x$，则当 $M=3$ 时，有

$$\begin{aligned}S(1-2x)\widetilde{S}(1-2x)&=\sum_{k=0}^{2}C_{2+k}^{k}x^k+4x^3(1-2x)\\&=-8x^4+4x^3+6x^2+3x+1.\end{aligned}$$

因为 $S(1-2x)=2x+1$，所以 $\widetilde{S}(1-2x)=-4x^3+4x^2+x+1$. 这说明 $\widetilde{m}_0$ 具有有限支撑且

$$\begin{aligned}\widetilde{m}_0(\omega)&=\cos^2\frac{\omega}{2}\widetilde{S}(\cos\omega)\\&=\cos^2\frac{\omega}{2}\widetilde{S}(1-2x)\\&=\cos^2\frac{\omega}{2}\left(-4\sin^6\frac{\omega}{2}+4\sin^4\frac{\omega}{2}+\sin^2\frac{\omega}{2}+1\right).\end{aligned}$$

通过式(6.4.9)和式(6.4.10)，定义

$$m_1(\omega)=\frac{1+e^{-i\omega}}{2}m_0(\omega)=e^{-i\frac{\omega}{2}}\cos^5\frac{\omega}{2}(2-\cos\omega),$$

$$\widetilde{m}_1(\omega)=\frac{2}{1+e^{i\omega}}\widetilde{m}_0(\omega)=\frac{1+e^{-i\omega}}{2}\left(-4\sin^6\frac{\omega}{2}+4\sin^4\frac{\omega}{2}+\sin^2\frac{\omega}{2}+1\right),$$

$$n_1(\omega)=\frac{2}{1-e^{-i\omega}}n_0(\omega)=\frac{2e^{-i\omega}}{1-e^{-i\omega}}\overline{\widetilde{m}_0(\omega+\pi)}$$

$$=-ie^{-i\frac{\omega}{2}}\sin\frac{\omega}{2}\left(-4\cos^6\frac{\omega}{2}+4\cos^4\frac{\omega}{2}+\cos^2\frac{\omega}{2}+1\right),$$

$$\tilde{n}_1(\omega)=\frac{1-e^{i\omega}}{2}\tilde{n}_0(\omega)=\frac{1-e^{i\omega}}{2}e^{-i\omega}\overline{m_0(\omega+\pi)}=-ie^{-i\frac{\omega}{2}}\sin^5\frac{\omega}{2}(2+\cos\omega).$$

当 $N=3$ 时，式(6.4.12)变为 $m_0(\omega)=\cos^6\frac{\omega}{2}\left(1+3\sin^2\frac{\omega}{2}+6\sin^4\frac{\omega}{2}\right)$ 且 $S(1-2x)=1+3x+6x^2$. 取 $\widetilde{m}_0(\omega)=\cos^2\frac{\omega}{2}\widetilde{S}_0(\cos\omega)$ 和 $T(x)=-9x^3+24x$，则当 $\widetilde{S}(1-2x)=12x^5-24x^4+11x^3+x^2+x+1$ 时，

$$S(1-2x)\widetilde{S}(1-2x)=\sum_{k=0}^{3}C_{3+k}^{k}x^k+x^4T(1-2x).$$

由定理 6.1.2 可知，$m_0(\omega)$的对偶可定义为 $\widetilde{m}_0(\omega)=\cos^2\frac{\omega}{2}\widetilde{S}(\cos\omega)$，具体形式为

$$\cos^2\frac{\omega}{2}\widetilde{S}(1-2x)=\cos^2\frac{\omega}{2}\left(12\sin^{10}\frac{\omega}{2}-24\sin^8\frac{\omega}{2}+\right.$$
$$\left.11\sin^6\frac{\omega}{2}+\sin^4\frac{\omega}{2}+\sin^2\frac{\omega}{2}+1\right).$$

当然，$\widetilde{m}_0(\omega)$仍是有限支撑的. 类似的，可以定义 $m_1(\omega)$，$\widetilde{m}_1(\omega)$，$n_1(\omega)$，$\tilde{n}_1(\omega)$.

很多紧支撑尺度函数具有插值性和对称性. 在例 6.5.1 中，把 D_{2N} 换成其他紧支撑正交尺度函数，对应的结论仍然成立. 但是，上例在某种意义下是最好的.

设 $p_M(z)=\left(\frac{1+z}{2}\right)^{2M}q(z)=\left(\frac{1+e^{-i\omega}}{2}\right)^{2M}q(e^{-i\omega})$是具有插值性和对称性的尺度函数 $\phi(t)$的符号，其中 $z=e^{-i\omega}$. Charles Micchelli[77] 中证明了当 $p_M(z)$有最小支集时，它必有如下形式

$$p_M(z)=-z^{-2M+1}(1+z)^{2M}G(-z),$$

$$G(z)=\sum_{j=0}^{m-1}e_{j,m}(1+z)^j(1-z)^{m-j-1}.$$

其中 $m=2M-1$ 且 $e_{j,m}$是下式的解

$$z^m=\sum_{k=0}^{2m}e_{k,m}(1+z)^k(1-z)^{2m-k}. \tag{6.5.1}$$

需要指出的是，文献[77]中的对称性定义为 $h_{-k}=h_k$，其中 h_k 是 z^k 在 $p(z)$ 中的系数. 但是，这等价于 $\phi(-t)=\phi(t)$. 事实上，$\phi(t)=\phi(-t)$ 和细分方程可直接推出 $h_{-k}=h_k$；反过来，$h_{-k}=h_k$ 可推出 $m(\theta)=m(-\theta)$. 又因为 $m(\theta)$ 是实的，所以 $\hat{\phi}$ 也是实函数. 从而 $\phi(t)=\phi(-t)$.

给定 $M=1,2,3,4$ 及 $m=1,3,5,7$，用 Matlab 来解出方程(6.5.1)中的 $e_{k,m}(0\leqslant k\leqslant m)$. 从表 6.5.1 中的解可以看出 $p_M(z)$ 恰好是 $D_{2M}D_{2M}(-\cdot)$ 的符号，即

$$p_M(z)=\cos^{2M}\frac{\omega}{2}\sum_{k=0}^{M-1}C_{M-1+k}^{k}\left(\sin^2\frac{\omega}{2}\right)^k. \tag{6.5.2}$$

表 6.5.1　方程(6.5.1)的解

M	$e_{k,m}$
1	$2^{-2}(-1,0,1)$
2	$2^{-6}(-1,0,3,0,-3,0,1)$
3	$2^{-10}(-1,0,5,0,-10,0,-10,0,-5,0,1)$
4	$2^{14}(-1,0,7,0,-21,0,35,0,-35,0,21,0,-7,0,1)$

事实上，当 $M=1$ 时，$G(z)=-\frac{1}{4}$ 且

$$p_1(z)=-z^{-1}(1+z)^2\left(-\frac{1}{4}\right)=\cos^2\frac{\omega}{2}. \tag{6.5.3}$$

当 $M=2$ 时，$G(z)=-2^{-6}[(1-z)^2-3(1+z)^2]$ 且

$$p_2(z)=-z^{-3}(1+z)^4G(-z)=\cos^4\frac{\omega}{2}\left(1+2\sin^2\frac{\omega}{2}\right). \tag{6.5.4}$$

当 $M=3$ 时，$G(z)=2^{-10}[-(1-z)^4+5(1+z)^2(1-z)^2-10(1+z)^4]$ 且

$$p_3(z)=-z^{-5}(1+z)^6 2^{-10}[-(1+z)^4+5(1-z)^2(1+z)^2-10(1-z)^4].$$

化成三角形式得到，

$$p_3(z)=2\cos^6\frac{\omega}{2}\left(1+3\sin^2\frac{\omega}{2}+6\sin^4\frac{\omega}{2}\right); \tag{6.5.5}$$

同样，当 $M=4$ 时，

$$G(z)=2^{-14}[-(1-z)^6+7(1-z)^4(1+z)^2-21(1-z)^2\times(1+z)^4+35(1+z)^6]$$

且

$$p_4(z)=-z^{-7}(1+z)^8G(-z)=\cos^8\frac{\omega}{2}\left(1+4\sin^2\frac{\omega}{2}+10\sin^4\frac{\omega}{2}+20\sin^6\frac{\omega}{2}\right). \tag{6.5.6}$$

容易看出当 $M=1,2,3,4$ 时，式(6.5.3)～式(6.5.6)就是等式(6.5.2).

6.6 区间上具有微分关系的紧框架小波

本节将构造区间上具有微分关系的框架小波. 设 $L^2(I)$中两个嵌套的闭子空间列$\{V_j^+\}_{j\geqslant 1}$和$\{V_j^-\}_{j\geqslant 1}$. 如果 V_j^+ 中的元素可以被$\{V_j^-\}_{j\geqslant 1}$中的生成元 Φ_j^- 表示出来,则存在一个 $m_j^+\times m_j^-$ 阶的矩阵 M_j,使得对 $j\in\mathbb{N}$有

$$\Phi_j^{+'}=M_j\Phi_j^-,$$

其中 $\Phi_j^{+'}$ 表示向量$[\phi_{j,1}^{+'},\phi_{j,2}^{+'},\cdots,\phi_{j,m_j}^{+'}]^T$ 且 $\phi_{j,i}^{+'}$ 是 $\phi_{j,i}^+$ 的导数. 由 $\Phi_j^+=P_j^+\Phi_{j+1}^+$和上式,可得到

$$\Phi_j^{+'}=P_j^+\Phi_{j+1}^{+'}=P_j^+M_{j+1}\Phi_{j+1}^-.$$

另外,因为 $\Phi_j^-=P_j^-\Phi_{j+1}^-$,得到 $\Phi_j^{+'}$ 的另一种表示

$$\Phi_j^{+'}=M_j\Phi_j^-=M_jP_j^-\Phi_{j+1}^-.$$

假设$\{\phi_{j+1,k}^-\}_{k\in\mathbb{M}_{j+1}}$是线性无关的,则

$$M_jP_j^-=P_j^+M_{j+1}. \tag{6.6.1}$$

在这种假设下,Φ_j^- 的 Gram 矩阵 $\Gamma_j^-=[[\phi_{j,k}^-,\phi_{j,\ell}^-]]_{k,\ell\in m_j}$是正定的,并且它的对偶 $\widetilde{\Phi}_j^-$ 由下式给出

$$\widetilde{\Phi}_j^-=[\widetilde{\phi}_{j,k}^-]_{k\in m_j}=(\Gamma_j^-)^{-1}\Phi_j^-,$$

并且有$\|f\|^2=[[f,\phi_{j,k}^-]]_k^T\Gamma_j^-=[[f,\phi_{j,k}^-]]_k$. 接下来给出构造具有微分关系框架小波的方法.

定理 6.6.1　设$\{\Phi_j^+\}_{j\geqslant 1}$与$\{\Phi_j^-\}_{j\geqslant 1}$具有微分关系 $\Phi_j^{+'}=M_j\Phi_j^-$,且$\{\Psi_j^+=Q_j^+\Phi_{j+1}^+\}_{j\geqslant 1}$是按照式(6.4.3)定义的关于 spsd 矩阵 S_1^+ 的紧框架小波. 若$(\Gamma_1^-)^{-1}-\frac{1}{b^2}M_1^TS_1^+M_1$ 是一个 spsd 矩阵且矩阵 $S_j^-:=\frac{1}{b^2}M_j^TS_j^+M_j$ 具有固定的带宽 $r>0$,则

$$\Psi_j^-=Q_j^-\Phi_{j+1}^-=\frac{1}{b}Q_j^+M_{j+1}\Phi_{j+1}^-,\quad j\geqslant 1,$$

是 $L^2(I)$中的关于矩阵 S_1^- 的 MRA 紧框架小波,且满足微分关系 $\Psi_j^{+'}=b\Psi_j^-$.

证明:因为 S_j^+ 是 spsd 矩阵,所以 S_j^- 亦然. 对 $f\in L_2(I)$,$T_1^-f=[[f,\phi_{1,k}^-]]_{k\in\mathbb{M}_1}^TS_1^-[[f,\phi_{1,k}^-]]_{k\in\mathbb{M}_1}$. 由于$[[f,\phi_{1,k}^-]]_{k\in\mathbb{M}_1}^T\Gamma_1^{-1}[[f,\phi_{1,k}^-]]_{k\in\mathbb{M}_1}$是 f 到 V_1^- 上的正交投影的范数,故

$$T_1^-f\leqslant[[f,\phi_{1,k}^-]]_{k\in\mathbb{M}_1}^T\Gamma_1^{-1}[[f,\phi_{1,k}^-]]_{k\in\mathbb{M}_1}\leqslant\|f\|^2.$$

因为 S_j^- 具有固定带宽 $r>0$ 并且$\{\Phi_j\}_{j\geqslant 1}$是局部支撑的,所以对任意的 $\varepsilon>0$,有

$$\lim_{j\to\infty}\int_{|x-y|>\varepsilon}|K_{S_j}(x,y)|\,\mathrm{d}y=0. \tag{6.6.2}$$

这保证了引理 6.3.1 中的条件(1)成立. 现在只需证明 S_j^- 满足引理 6.3.1 中的条件(2).

$$\begin{aligned}
& S_{j+1}^- - P_j^{-\,T} S_j^- P_j^- \\
&= \frac{1}{b^2} M_{j+1}^T S_{j+1}^+ M_{j+1} - \frac{1}{b^2} P_j^{-\,T} M_j^T S_j^+ M_j P_j^- \\
&= \frac{1}{b^2} (M_{j+1}^T S_{j+1}^+ M_{j+1} - M_{j+1}^T P_j^{+\,T} S_j^+ P_j^+ M_{j+1}) \\
&= \frac{1}{b^2} M_{j+1}^T (S_{j+1}^+ - P_j^{+\,T} S_j^+ P_j^+) M_{j+1} \\
&= \frac{1}{b^2} M_{j+1}^T Q_j^{+\,T} Q_j^+ M_{j+1} \\
&= Q_j^{-\,T} Q_j^-,
\end{aligned}$$

其中第二个等式应用了式(6.6.1). 第四个等式应用了引理 6.3.1 中的条件(2). 从而证明了$\{\Phi_j^-\}_{j\geqslant 1}$形成了一个 $L^2(I)$的关于 S_1^- 的 MRA 紧框架小波. 微分关系可由下式得到

$$\Psi_j^{+'} = Q_j^+ \Phi_{j+1}^{+'} = Q_j^+ M_{j+1} \Phi_{j+1}^- = bQ_j^- \Phi_{j+1}^- = b\Psi_j^-.$$

定理证毕.

下面利用定理 6.6.1 给出具体的例子. 注意到 B 样条 $\phi^m, m\geqslant 2$ 具有以下性质

$$\phi^m(x) = \sum_{k\in\mathbb{Z}} c_k^m \phi^m(2x-k),$$

其中

$$c_k^m = \begin{cases} 2^{-m+1}\dbinom{m}{k}, & 0\leqslant k\leqslant m; \\ 0, & \text{其他}. \end{cases}$$

考虑 ϕ^m 的二进伸缩及平移在区间$[0,m]$上的限制 $\phi^m(2^j\cdot -k)|_{[0,m]}$. 设 $j\geqslant 1, m_j := 2^{j-1}+2m-2$, 且

$$\phi_{j,k}^m(\cdot) = 2^{j-1}\phi^m(2^{j-1}\cdot -k)|_{[0,m]}, \quad V_j^m := \mathrm{span}\{\phi_{j,k}^m : 1\leqslant k\leqslant m_j\},$$

则闭子空间列$\{V_j^m : j\in\mathbb{Z}_+\}$是由$\{\phi_{j,1}^m, \cdots, \phi_{j,m_j}^m\}$生成的多分辨率分析. 记

$$\Phi_j^m := [\phi_{j,1}^m, \cdots, \phi_{j,m_j}^m]^T,$$

则存在 $m_j\times m_{j+1}$ 的细分矩阵 P_j^m 满足关系 $\Phi_j^m = P_j^m \Phi_{j+1}^m, j\in\mathbb{N}$. Lai 和 Nam[78] 给出了一种构造紧框架小波的方法, 当 $m=3$ 时, 紧框架小波在第一层的图像见图 6.6.1.

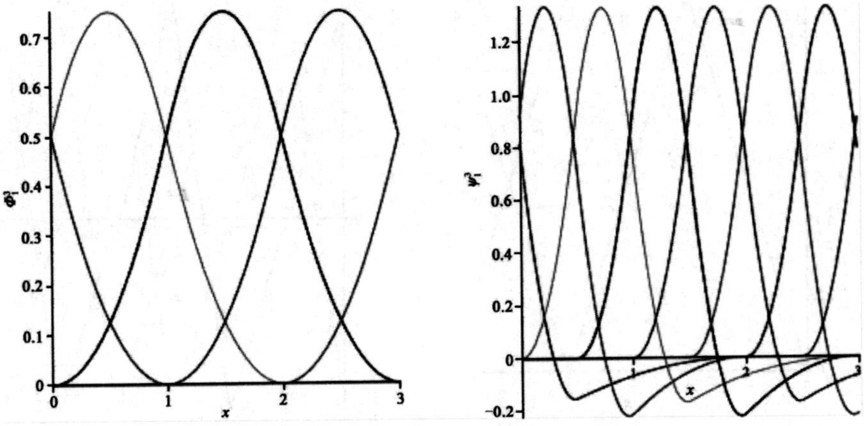

图 6.6.1　B 样条 Φ_1^3 及其紧框架小波 Ψ_1^3

因为 $\phi^{m\prime}(x)=\phi^{m-1}(x)-\phi^{m-1}(x-1)$，所以 $\Phi_j^{m\prime}:=M_j\Phi_j^{m-1}$，其中

$$M_j:=2^{j-1}\begin{pmatrix}-1 & & & & \\ 1 & -1 & & & \\ & 1 & -1 & & \\ & & & \ddots & \\ & & & & -1 \\ & & & & 1\end{pmatrix}_{m_j\times(m-1)_j}.$$

显然 $S_j^{m-}:=\frac{1}{b^2}M_{j+1}^TM_{j+1}$ 具有固定的最大带宽 2. 取 $m=3$ 且 $b=2$，则

$$\Gamma_1^{2-1}-S_1^{2-}=\begin{pmatrix}\frac{37}{15} & -\frac{13}{30} & \frac{4}{15} & -\frac{2}{15}\\ -\frac{13}{30} & \frac{13}{15} & -\frac{1}{30} & \frac{4}{15}\\ \frac{4}{15} & -\frac{1}{30} & \frac{13}{15} & -\frac{13}{30}\\ -\frac{2}{15} & \frac{4}{15} & -\frac{13}{30} & \frac{37}{15}\end{pmatrix}.$$

由定理 6.6.1，紧框架小波 $\Psi_j^{m-}:=\frac{1}{b}Q_j^+M_{j+1}\Phi_{j+1}^{m-1}$ 满足 $\Psi_j^{m\prime}:=b\Psi_j^{m-}$，因此得到紧框架小波 Ψ_j^3 和 Ψ_j^{3-}，且具有微分关系 $\Psi_j^{3\prime}=2\Psi_j^{3-}$. B 样条和其对应的紧框架小波见图 6.6.2.

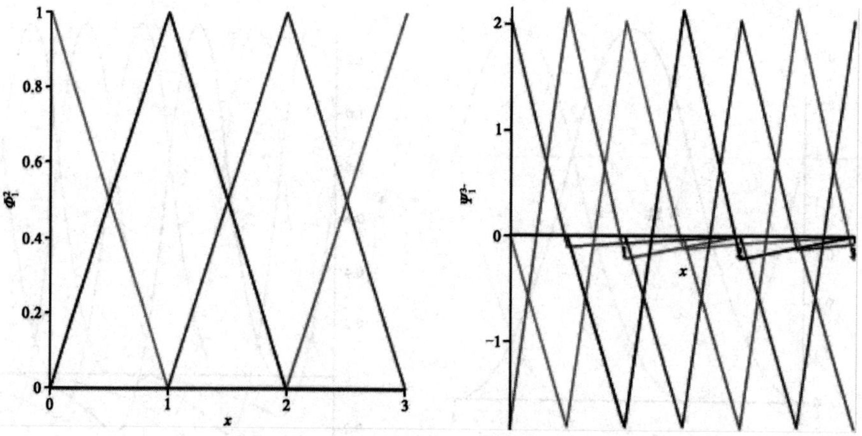

图 6.6.2　B 样条 Φ_1^2 和紧框架小波 Ψ_1^{3-}

参 考 文 献

[1] 李登峰，薛明志. Banach空间上的基和框架. 北京：科学出版社，2007.

[2] 陈希孺. 高等数理统计学. 北京：中国科学技术大学出版社，2009.

[3] Boris Alexeev, Afonso S. Bandeira, Matthew Fickus, and Dustin G. Mixon. Phase retrieval with polarization. SIAM Journal on Imaging Sciences, 2012, 7(1): 35-66.

[4] Radu Balan. Reconstruction of signals from magnitudes of redundant representations. arXiv preprint arXiv: 1207.1134, 2012.

[5] Radu Balan. Reconstruction of signals from magnitudes of redundant representations: The complex case. Foundations of Computational Mathematics, 2016, 16(3): 677-721.

[6] Radu Balan, Pete Casazza, and Edidin Dan. On signal reconstruction without phase. Applied and Computational Harmonic Analysis, 2006, 20(3): 345-356.

[7] Radu Balan and Yang Wang. Invertibility and robustness of phaseless reconstruction. Applied and Computational Harmonic Analysis, 2015, 38(3): 469-488.

[8] Afonso S. Bandeira, Jameson Cahill, Dustin G. Mixon, and Aaron A. Nelson. Saving phase: injectivity and stability for phase retrieval. Applied and Computational Harmonic Analysis, 2014, 37(1): 106-125.

[9] Jameson Cahill, Peter Casazza, and Ingrid Daubechies. Phase retrieval in infinite-dimensional hilbert spaces. Transactions of the American Mathematical Society, 2016, 3(3): 63-76.

[10] Jameson Cahill, Peter G. Casazza, Jesse Peterson, and Lindsey Woodland. Phase retrieval by projections. Houston Journal of Mathematics, 2016, 42(2): 537-558.

[11] Emmanuel J. Candès, Yonina C. Eldar, Thomas Strohmer, and Vladislav Voroninski. Phase retrieval via matrix completion. SIAM Journal on Imaging Sciences, 2013, 6(1): 199-225.

[12] Emmanuel J. Candès, Thomas Strohmer, and Vladislav Voroninski. PhaseLift: exact and stable signal recovery from magnitude measurements via convex programming. Communications on Pure and Applied Mathematics, 2013, 66(8): 1241-1274.

[13] Peter G. Casazza and Gitta Kutyniok Eds. Finite Frames: Theory and Applications. Birkhäuser/Springer, New York, 2013.

[14] Peter G. Casazza, Gitta Kutyniok, and Mark C. Lammers. Duality principles in frame theory. Journal of Fourier Analysis and Applications, 200, 10(4): 383-4084.

[15] Ole Christensen. An Introduction to Frames and Riesz Bases. Birkhuser Boston, Boston, MA, 2013.

[16] Ole Christensen, Brigitte Forster, and Peter Massopust. Fractional and complex pseudo-splines and the construction of parseval frames. Applied Mathematics and Computation, 2017, 314.

[17] Ole Christensen, Hong Oh Kim, and Rae Young Kim. On the duality principle by casazza, kutyniok, and lammers. Journal of Fourier Analysis and Applications, 2011, 17(4): 640-655.

[18] Zhi-Tao Chuang and Youming Liu. Wavelets with differential relation. Acta Mathematica Sinica (English Series, 2011, 27(5): 1011-1022.

[19] Zhitao Chuang and Junjian Zhao. On equivalent conditions of two sequences to be r-dual. Journal of Inequalities and Applications, 2015(1): 1-8.

[20] Edidin Dan. Projections and phase retrieval. Applied and Computational Harmonic Analysis, 2017, 42(2): 350-359.

[21] Ingrid Daubechies. Orthonormal bases of compactly supported wavelets. Communications on Pure and Applied Mathematics, 1988, 41(7): 909-996.

[22] Ingrid Daubechies. Ten lectures on wavelets, volume 61. Society for Industrial and Applied Mathematics (SIAM), Philadelphia, PA, 1992.

[23] Ingrid Daubechies, Alex Grossmann, and Yves Meyer. Painless nonorthogonal expansions. Journal of Mathematical Physics, 1986, 27(5): 1271-1283.

[24] Ingrid Daubechies, Bin Han, Amos Ron, and Zuowei Shen. Framelets: MRAbased constructions of wavelet frames. Applied and Computational Harmonic Analysis, 200, 14(1): 1-463.

[25] Ingrid Daubechies, H. J. Landau, and Zeph Landau. Gabor time-frequency lattices and the wexler-raz identity. Journal of Fourier Analysis and Applications, 1994, 1(4): 437-478.

[26] Carl de Boor. A practical guide to splines, volume 27. Springer-Verlag, New York, revised edition, 2001.

[27] Erwan Deriaz and Valérie Perrier. Direct numerical simulation of turbulence using divergence-free wavelets. Multiscale Modeling and Simulation, 2008, 7(3): 1101-1129.

[28] Bin Dong, Nira Dyn, and Kai Hormann. Properties of dual pseudo-splines. Applied and Computational Harmonic Analysis, 2010, 29(1): 104-110.

[29] Bin Dong and Zuowei Shen. Linear independence of pseudo-splines. Proceedings of the American Mathematical Society, 2006, 134(9): 2685-2694.

[30] Bin Dong and Zuowei Shen. Pseudo-splines, wavelets and framelets. Applied and Computational Harmonic Analysis, 2007, 22(1): 78-104.

[31] Serge Dubuc. Interpolation through an iterative scheme. Journal of Mathematical Analysis and Applications, 1986, 114(1): 185-204.

[32] R. J. Duffin and A. C. Schaeffer. A class of nonharmonic fourier series. Transactions of the American Mathematical Society, 1952, 72(2): 341-366.

[33] Per Enflo. A counter example to the approximation problem in banach spaces. Acta Mathematica, 1973, 130(1): 309-317.

[34] James R Fienup. Phase retrieval algorithms: a comparison. Applied Optics, 1982, 21(15): 2758-2769.

[35] D. Gabor. Theory of communication. Journal of the Institution of Electrical Engineers-Part Ⅰ: General, 1947, 94(73): 58-58.

[36] Bing Gao, Qiyu Sun, Yang Wang, and Zhiqiang Xu. Phase retrieval from the magnitudes of affine linear measurements. Advances in Applied Mathematics, 2018, 93: 121-141.

[37] Paul R. Halmos. Finite Dimensional Vector Spaces. Annals of Mathematics Studies, no. 7. Princeton University Press, Princeton, N. J., 1942.

[38] Paul R. Halmos. Introduction to Hilbert Space and the theory of Spectral Multiplicity. Chelsea Publishing Company, New York, 1951.

[39] Paul Richard Halmos. A Hilbert space problem book, volume 19 of Graduate Texts in Mathematics. Springer-Verlag, New York-Berlin, second

edition, 1982.

[40] Bin Han and Zuowei Shen. Wavelets with short support. SIAM Journal on Mathematical Analysis, 2006, 38(2): 530-556.

[41] Deguang Han and David R. Larson. Frames, bases and group representations. Memoirs of the American Mathematical Society, 2000, 147 (697): x+94.

[42] Christopher Heil. A Basis Theory Primer: Expanded Edition. Birkhauser Boston Inc.; Expanded, Boston, 2010.

[43] Teiko Heinosaari, Luca Mazzarella, and Michael M. Wolf. Quantum tomography under prior information. Communications in Mathematical Physics, 2013, 318(2): 355-374.

[44] M. Huang and Z. Xu. Phase retrieval from the norms of affine transformations. ArXiv e-prints, 2018.

[45] Mads Sielemann Jakobsen and Jakob Lemvig. Density and duality theorems for regular gabor frames. Journal of Functional Analysis, 2016, 270(1): 229-263.

[46] A. J. E. M. Janssen. Duality and biorthogonality for weyl-heisenberg frames. Journal of Fourier Analysis and Applications, 1994, 1(4): 403-436.

[47] Rong Qing Jia and Charles A. Micchelli. Using the refinement equations for the construction of pre-wavelets. Ⅱ. Powers of two. In Curves and surfaces (Chamonix-Mont-Blanc, 1990). Academic Press, Boston, MA, 1991: 209-246.

[48] Song Li and Yi Shen. Pseudo box splines. Applied and Computational Harmonic Analysis, 2009, 26(3): 344-356.

[49] Peter Massopust, Brigitte Forster, and Ole Christensen. Fractional and complex pseudo-splines and the construction of Parseval frames. Applied Mathematics and Computation, 2017, 314: 12-24.

[50] Amos Ron and Zuowei Shen. Affine systems in L2(R^d): the analysis of the analysis operator. Journal of Functional Analysis, 1997, 148(2): 408-447.

[51] Amos Ron and Zuowei Shen. Weyl-heisenberg frames and riesz bases in l2(R^d). Duke Mathematical Journal, 1997, 89(2): 237-282.

[52] D. Sayre. Some implications of a theorem due to shannon. Acta Crystallographica, 2010, 5(6): 843-843.

[53] Larry L. Schumaker. Spline functions: basic theory. Cambridge Mathematical Library. Cambridge University Press, Cambridge, third edi-

tion,2007.

[54] Ivan W. Selesnick. Smooth wavelet tight frames with zero moments. Applied and Computational Harmonic Analysis,2001,10(2):163-181.

[55] Yi Shen,Song Li,and Qun Mo. Complex wavelets and framelets from pseudo splines. Journal of Fourier Analysis and Applications,2010,16(6):885-900.

[56] Diana T. Stoeva and Ole Christensen. On R-duals and the duality principle in gabor analysis. Journal of Fourier Analysis and Applications,201,21(2):383-4005.

[57] Diana T. Stoeva and Ole Christensen. On various R-duals and the duality principle. Integral Equations and Operator Theory,2016,84(4):577-590.

[58] Wenchang Sun. G-frames and g-Riesz bases. Journal of Mathematical Analysis and Applications,2006,322(1):437-452.

[59] Michael Unser and Thierry Blu. Fractional splines and wavelets. SIAM Review,2000,42(1):43-67 (electronic).

[60] Yang Wang and Zhiqiang Xu. Generalized phase retrieval:Measurement number,matrix recovery and beyond. Applied and Computational Harmonic Analysis,2017.

[61] Zhiqiang Xu. The minimal measurement number problem in phase retrieval:a review of recent developments. Journal of Mathematical Research with Applications,2017,37(1):40-46.

[62] Xiao Xuemei and Zhu Yucan. Duality principles of frames in banach spaces. Acta Mathematica Scientia,2009,29(29):94-102.

[63] Robert M. Young. An introduction to nonharmonic Fourier series, volume 93. Academic Press,Inc. [Harcourt Brace Jovanovich,Publishers], New York,London,1980.

[64] Jie Zhou and Hongchan Zheng. Biorthogonal wavelets and tight framelets from smoothed pseudo splines. Journal of Inequalities and Applications,2017:14+166.

[65] Zhitao Zhuang and Jianwei Yang. A class of generalized pseudo-splines. Journal of Inequalities and Applications,2014:10+359.

[66] Charles K. Chui. An Introduction to Wavelets. Boston,MA:Academic Press Inc. ,1992.

[67] Y. Meyer. Ondelettes et Operateurs, Ⅰ:Ondelettes, Ⅱ:Operat-

teurs de Calderon-Zygmund, Ⅲ: Operateurs multilineaires. Hermann, Paris: Cambridge University Press, 1990.

[68] Ingrid Daubechies. Ten Lectures on Wavelets. Philadelphia: SIAM, 1992.

[69] A. Cohen, I. Daubechies, J. C. Feauveau. Biorthogonal Bases of Compactly Supported Wavelets. Communications on Pure and Applied Mathematics, 1992, 45(5): 485-560.

[70] Wolfgang Dahmen, Angela Kunoth, Karsten Urban. Biorthogonal Spline Wavelets on the Interval Stability and Moment Conditions. Applied and Computational Harmonic Analysis, 1999, 6(2): 132-196.

[71] Primbs M. New Stable Biorthogonal Spline-Wavelets on the Interval. Results in Mathematics, 2010, 57(1-2): 121-162.

[72] A. A. Bobodzhanov, V. F. Safonov. Wavelets in Fredholm Integrodifferential Equations with Rapidly Changing Kernels. Mat. Zametki, 2009, 85(2): 163-179.

[73] Ying chun Jiang, Youming Liu. Adaptive Wavelet Solution to the Stokes Problem. Acta Math. Appl. Sin. Engl. Ser, 2008, 24(4): 613-626.

[74] Karsten Urban. Wavelet Methods for Elliptic Partial Differential Equations. Numerical Mathematics and Scientific Computation, Oxford: Oxford University Press, 2009.

[75] C. K. Chui, W. J. He, J. Stockler. Nonstationary Tight Wavelet Frames, Ⅰ: Bounded intervals. Appl. Comput. Harmon. Anal, 2004, 17(2): 141-197.

[76] Youming Liu. On Cardinal Wavelets with Compact Support and Their Duals. Acta Math. Sinica (N. S.), 1997, 13(1): 127-132.

[77] Charles A. Micchelli. Interpolatory Subdivision Schemes and Wavelets. J. Approx. Theory, 1996, 86(1): 41-71.

[78] Ming jun Lai, Kyunglim Nam. Tight Wavelet Frames over Bounded Domains. Mod. Methods Math., Nashboro Press, Brentwood, TN, 2006.